DAS WISSENSCHAFTSMUSEUM

Glenn Murphy
Evolution
Das Ur-Ur-Urschleimbuch

Glenn Murphy
studierte Wissenschaftskommunikation.
Sein erstes populärwissenschaftliches Buch »Warum ist Schnodder grün?«
stand auf der Auswahlliste für den Blue Peter Book Award 2007
in der Kategorie »bestes Sachbuch« und für Royal Society Prize
for Science Books Junior Prize 2008. 2007 wanderte er in die USA aus.
Er lebt und arbeitet heute in Raleigh, North Carolina.

DAS WISSENSCHAFTSMUSEUM

Glenn Murphy

Evolution

Das Ur-Ur-Urschleimbuch

Warum Ur-Ur-Opa ein Nager war und die Dinos nicht mehr wiederkommen

Mit Illustrationen von Mike Phillips

*Aus dem Englischen
von Helen Seeberg*

Arena

Für Stu Sharp und Sarah Burthe – die da draußen in den Gräben liegen und Seevögel und Erdmännchen aufspüren ... während ich gemütlich zu Hause sitze und darüber schreibe

Die Originalausgabe erschien 2010 unter dem Titel
»Evolution, nature and stuff!« bei Mac Millan Children's Books, London.
Text © Glenn Murphy 2010
Illlustration © Mike Phillips 2010

1. Auflage 2012
© für die deutsche Ausgabe
Arena Verlag GmbH, Würzburg 2012
Alle Rechte vorbehalten
Illustrationen: Mike Phillips
Covergestaltung: Frauke Schneider
Übersetzung aus dem Englischen: Helen Seeberg
Gesamtherstellung: Westermann Druck Zwickau GmbH
ISBN 978-3-401-06780-3

*www.arena-verlag.de
Mitreden unter forum.arena-verlag.de*

Inhalt

1. Was genau macht das Leben
   eigentlich aus?   7

2. Alles Leben auf der Erde   9

3. Lebens-ologie   17

4. Reiche des Lebens   63

5. Große mit Wirbelsäule   106

6. Mächtig prächtige Säugetiere   151

   Lösungen   198

Dank an:

Gaby Morgan – kurz gesagt: Du bist der Boss.

Prof. Alun Williams, Cambridge University, Abteilung für Veterinärmedizin, für seine wunderbar klugen Kommentare und Vorschläge, die das Buch noch besser gemacht haben.

Deborah Bloxam, Tom Vine, Deborah Jones und all die anderen, die immer noch im Science Museum abhängen.

Die SCONCs – die mich seit 2007 auf dem Pfad der Wissenschaft halten.

Vladimir Vasiliev, Kwan Lee, Emmanuel Manolakakis und all die anderen in der Systema Gemeinschaft, die mir bei meiner fortdauernden Evolution weitergeholfen haben.

Meine großartige Heather – die dieses Jahr selbst eine Evolution erlebt.

Ka-ge und Austin – mein wuscheliges Managementteam und treue Schreibkumpel.

Wie immer, den Murphys und den Wittmayers.

Und all unseren Freunden nah und fern: Mit euch macht es wirklich Spaß, ein moderner *Homo sapiens* zu sein.

1
Was genau macht das Leben eigentlich aus?

Ohh! Das ist eine Hammerfrage! Ich bin nicht sicher, ob ich das wirklich beantworten kann. Wenn ich so drüber nachdenke, bin ich mir noch nicht einmal sicher, ob ich das schon für mich selbst herausgefunden habe . . .

Warte mal – das habe ich doch gar nicht gemeint. Ich meinte, du weißt schon, einfach so Leben und Lebewesen. Leben hat doch mit Evolution zu tun und Lebewesen entwickeln sich, stimmt's? Aber was macht ein Ding denn überhaupt lebendig? Was ist eigentlich Leben?
Ahh – ja, das ist eine gute Frage. Eine, die wir in Angriff nehmen können. Aber, um ehrlich zu sein, werden wir ein ganzes Buch dazu brauchen und wir müssen jede Ecke und jeden Winkel der lebenden Welt genau erkunden, um das herauszufinden.

Wir werden Bakterien und Insekten unters Mikroskop klemmen. Wir werden in die tiefsten Ozeane springen, um Seesterne, Schwämme und Quallen anzustupsen. Wir werden mit Charles Darwin um die Welt segeln und beobachten, wie Seevögel, Seepocken und Fetzenfische ihn zu seiner berühmten Theorie der Evolution führten. Wir werden mit Eidechsen flitzen, mit Fledermäusen und Vögeln flattern, mit Spinnen krabbeln, mit Schlangen schleichen und mit gefährlichen Fleischfressern jagen.

Und unterwegs finden wir heraus, wie man Tiere benennt und erkennt, genau wie die Zoologen das tun. Wir erfahren, wie sich Tiere an wechselnde Umweltbedingungen und tödliche Fressfeinde anpassen. Wir erforschen die Verbindung zwischen Delfinen, Dingos und Dinos. Und wir werden viel *Spaß* haben – doch, ganz im Ernst.

Spaß haben? Und ich dachte, das ist ein wissenschaftliches Buch ...
Das ist es. Aber, ob du es glaubst oder nicht, Wissenschaft kann unglaublichen, spektakulären, atemberaubenden Spaß machen. Wenn du eines meiner anderen Bücher gelesen hast, zum Beispiel *Warum ist Schnodder grün?* Oder *Das Panik-Buch,* dann hast du schon tonnenweise lustigen wissenschaftlichen Kram gesehen. Du glaubst gar nicht, wie viele witzige Sachen es eigentlich gibt. Das Einzige, was wir hier anders machen werden, ist, dass wir ein Thema nach dem anderen in Angriff nehmen. Aber das heißt nicht, dass wir den Spaß auslassen. Ganz im Gegenteil! Neben all den verrückten Fakten und faszinierenden Theorien gibt es Rätsel, Quizfragen, Experimente und vieles mehr.

Also, wo waren wir gerade stehen geblieben? Ach, ja – das Leben.

2
Alles Leben auf der Erde

In gewisser Weise ist das Leben immer noch ein Geheimnis. Wir wissen, dass das Leben auf der Erde vor 3,6 Milliarden Jahren begann, etwas mehr als eine Milliarde Jahre nachdem der Planet selbst entstand.

Das hat ja ziemlich gedauert, bis es endlich losging, oder?
Richtig. Aber sobald es losging, ging es ab wie Schmidts Katze.

Wie meinst du das?
Na ja, wir wissen, dass das Leben mit einigen einfachen, mikroskopisch kleinen Kreaturen begann, die nicht komplizierter aufgebaut waren als ein paar Chemikalien in einem Fettklümpchen.

Und wir wissen, dass sich daraus alles andere entwickelte, von den Algen bis hin zu den Haien und

Bäumen, von den Giftpilzen bis zum Tyrannosaurus. Ein paar Millionen Jahre später gab es große Säugetiere, Affen und Menschenaffen. Und nicht viel später betraten die ersten Menschen die Bühne.

Das Leben auf der Erde entwickelte sich also von kleinen Fettklümpchen, die im Schlamm schwammen, bis hin zu Bauern, Künstlern, Architekten, Ingenieuren, Wissenschaftlern, Philosophen, Präsidenten, Politikern, Pop-Stars und Fernsehshowkandidaten[*]. Nicht schlecht.

Wow, das ist ja echt ein ziemlicher Sprung.
Irgendwie schon, ja. Aber du musst auch bedenken, dass sich die ganze Entwicklung von den Bakterien bis zu Justin Biber Milliarden von Jahren hinzog. Jetzt, mit einigen Hundert Jahren *Biologiestudium* – dem Studium des Lebens – in der Tasche, sind wir ziemlich sicher, wie das meiste davon zustande kam und wie lange die Entwicklungen dauerten. Lebewesen entwickelten sich von etwas ganz Einfachem zu immer komplexeren Wesen in klitzekleinen Schritten, von denen jeder Millionen von Jahren dauerte, gesteuert durch die natürlichen Prozesse des Lebens, von Tod und Veränderung.

Das alles werden wir im Laufe des Buches erkunden. Am Ende wirst du hoffentlich alles Leben mit neuen Augen sehen – wenn du weißt, wie, wo und warum das alles zustande gekommen ist. Aber da gibt es noch eine Sache, die wir klären müssen, bevor wir zu unserer Safari aufbrechen: Welche Sachen sollen wir uns eigentlich angucken und welche lassen wir weg?

---

[*] Einige Wissenschaftler bezweifeln, ob diese Gruppe wirklich eine Weiterentwicklung der Bakterien darstellt.

Hmm . . . vielleicht gucken wir uns einfach alles an, was lebt, und lassen den Rest weg?
Okay. Klingt gut. Aber was meinen wir mit »was lebt«?

Ich weiß nicht. Bakterien und Pflanzen und Affen und so?
Okay . . . und was ist »der Rest«?

Na ja . . . der ganze andere Kram. Du weißt schon, Steine . . . Erde . . . Inseln . . . Unterhosen. So Sachen eben.
Hört sich vernünftig an. Aber auch wenn diese Sachen selbst nicht leben, *strotzen* manche Steine und Erden nur so von Leben und manche Inseln sind komplett aus lebenden Organismen entstanden. (Und glaub mir, du willst gar nicht wissen, wie viele Lebewesen gerade in deiner Unterhose unterwegs sind.)

Wirklich?
Ja. Nur weil du sie nicht sehen oder sofort erkennen kannst, heißt das nicht, dass sie nicht lebendig sind. Leben gibt es in enorm vielfältiger Gestalt, Größe und Form – und vieles von dem hielt man bis noch vor ziemlich kurzer Zeit nicht für *lebendig*. Wir können uns also kaum daran machen zu bestimmen, was Leben ist, bevor wir uns nicht darauf geeinigt haben, was *lebendig* ist und was *nicht*.

Ach, komm schon. Das kann doch nicht so schwer sein?
Nun gut, lass es uns mal ausprobieren.

Schau dir die Liste an und sortiere sie in zwei Gruppen – lebendig (A) und nicht lebendig (B). Ich hab die ersten beiden für dich übernommen. Los geht's.

A	B
Affe	Stein
Qualle	
Zahnbürste	
Schwamm	
Bakterien	
Viren	
Baum	
Berg	
Fluss	
Korallenriff	
Schlamm	
Schimmel	
Pilze	

Fertig?
Okay – dann wollen wir mal sehen, wie viele du hast.

Nur sechs Sachen auf der Liste waren nicht lebendig. Und zwar: Stein, Zahnbürste, Viren, Berg, Fluss und Schlamm. Alle anderen sind lebendig.

Was? Sogar der Schwamm? Und das Korallenriff? Und der Schimmel?
Ja. Auch wenn der Schwamm in deinem Badezimmer wahrscheinlich nicht mehr lebt, gibt es ganze Familien von lebendigen Schwämmen im Ozean. Kaum zu glauben, aber das sind tatsächlich Tiere.

Viele von ihnen sitzen auf Korallenriffen, welche manchmal

wie riesige Unterwasserberge aus Steinen aussehen, aber tatsächlich sind auch das Tiere! Oder besser gesagt, die zusammengewachsenen äußeren Hüllen Tausender kleiner Riffe bauender Tierchen (man nennt sie Polypen), die eng mit den Quallen verwandt sind.

Und der Schimmel an euren Badefliesen (oder der Pelz auf deinem angebissenen Pausenbrot, das du seit Wochen in deinem Rucksack spazieren trägst), tja, der lebt auch. Es ist eine Art Pilz – eine uralte Lebensform, die schon seit ein paar Millionen Jahren, bevor wir überhaupt auftauchten, auf der Erde herumlungert.

Kann nicht sein! Ich dachte, Lebewesen müssten ... du weißt schon ... sich bewegen und Sachen machen.
Na ja, sie machen ja alle was, aber nicht alle bewegen sich so deutlich. Überleg doch mal – die meisten Bäume und Pflanzen stehen fest an einem Ort, mal abgesehen von einem bisschen Wachstum in die Höhe. Und andererseits bewegen sich Eisberge und Flüsse mitunter rasend schnell und niemand würde behaupten, *sie* wären lebendig, stimmt's?

Jaaa ... stimmt, denk ich mal. Also, wenn lebende Sachen aussehen können wie leblose, wie entscheiden wir dann, was was ist?
Guuuuuute Frage. Um uns da weiterzuhelfen, haben Biologen eine Liste mit Merkmalen zusammengestellt, die alle Lebewesen haben *müssen*. Es ist eine Art »Checkliste fürs Leben«. Hat etwas *alle* diese Eigenschaften, dann ist es lebendig; wenn nicht, ist es nicht lebendig. So einfach.

Also, hier ist sie:

1. Lebewesen organisieren sich selbst. Sie bauen sich selbst einen Körper oder eine Struktur. Das kann so etwas ganz Einfaches sein wie ein Fettbläschen, das den wässrigen chemischen

Kern einer Bakterie umgibt. Oder so etwas Komplexes wie die Knochen, Innereien und Muskeln eines Rennpferdes. Wichtig ist, dass sich lebende Wesen selbst aufbauen.

2. Lebewesen vermehren sich. Sie machen Kopien von sich selbst, welche wiederum Kopien von sich erstellen und dann zahlenmäßig so wachsen, dass eine ganze *Kolonie* oder eine *Art* entsteht.

3. Lebewesen essen. Oder sie nehmen Stoffe wie Mineralien oder Zucker aus ihrer Umwelt auf und verwandeln diese a) in Teile ihres Körpers oder b) in Energie, um all das Essen, Organisieren und Vermehren anzutreiben. Die meisten Tiere müssen dafür kauen und sie benutzen einen Darm, um ihre Nahrung zu verdauen. Außer Bakterien, Pilzen oder einfachen Schwämmen, die ihre Nahrung einfach durch ihren Körper aufnehmen.

4. Lebewesen verändern Dinge. Du erkennst genau, wenn Lebewesen in der Nähe waren, denn sie verändern ihre Umgebung. Meistens ist das ein Ergebnis ihrer Selbstorganisation, Vermehrung und ihres Futterns . . .

5. Lebewesen haben einen Lebenszyklus. Sie weisen vorhersehbare einprogrammierte Muster auf, die sie vom Beginn bis zum Ende ihres Lebens führen – durch Geburt, Wachstum, Vermehrung und Tod.

Wenn du noch einmal zurückblätterst und dir die A und B auf deiner Liste ansiehst, erkennst du, wie viel einfacher es jetzt ist, lebende und nicht lebende Sachen zu unterscheiden. Berge scheinen zu wachsen (über die Jahre) und Flüsse können ihre Umgebung verändern, indem sie Täler eingraben.

Alles Leben auf der Erde

Aber sie essen* nichts und sie vermehren sich nicht.

Korallen, Pilze und Schimmel mögen zwar ganz still dasitzen und leblos *aussehen*. Aber in Wahrheit haben sie sich selbst geformt, sie fressen, vermehren sich, verändern ihre Umgebung und durchlaufen Lebenszyklen.

Wow. So habe ich das noch nie gesehen. Und was ist mit den Viren?
Das ist ein bisschen verzwickt. In gewisser Weise machen sie all das auch. Und trotzdem halten Biologen sie nicht wirklich für lebendig, denn sie schummeln bei Nr. 1 und auch bei Nr. 2. Sie haben selbst keinen eigenen Körper und sie vermehren sich nicht selbst – sie schmuggeln sich in die Zellen von anderen lebenden Wesen, welche dann das Zusammensetzen, Organisieren und Kopieren *für* sie übernehmen. Weil sie also entweder keine Lebewesen sind oder die faulsten Wesen auf der Erde, überspringen wir die Viren einfach auf unserer Expedition.

So, jetzt wissen wir, wonach wir suchen, und es ist an der Zeit, aufzubrechen und den Planeten zu erkunden.

Hmmm ... aber wo sollen wir anfangen? Bei so vielen Lebewesen auf der Welt ist das eine schwierige Frage ...

Könnten wir nicht einfach bei den Antilopen anfangen und bei den Zebras aufhören?
Ah, aber dann reden wir nur über Tiere. Und Aal, Ameisenbär und Amsel hast du sogar schon übersprungen.

Oh.
Andererseits hast du recht, wir können auch nicht einfach ohne Plan losmarschieren. Wenn wir die ganze Welt der Lebewesen in Angriff nehmen wollen, müssen wir sie zuerst ein-

---
* Außer vielleicht mal gelegentlich einen Bergsteiger oder Kanufreak.

mal sortieren. Zum Glück gibt es eine Wissenschaft, die uns genau dabei hilft: die *Zoologie*.

Also fangen wir im Zoo an?
Irgendwie schon. Schnapp dir die Sonnencreme und ein paar gute Wanderschuhe. Als Erstes finden wir mal heraus, woher die Tiere im Zoo ihre Namen bekommen haben . . .

3
Lebens-ologie

Wer hat die Biologie erfunden?
Niemand. Biologie ist, wörtlich übersetzt, die »Lehre (oder Wissenschaft) vom Leben« und die ist im Grunde genommen fast so alt wie die Menschheit selbst. Die Menschen haben die Tiere um sich herum beobachtet und studiert, solange es sie gibt, und das ist einer der Gründe, warum wir als Art so erfolgreich geworden sind. Die moderne Wissenschaft der Biologie entstand erst ab dem 17. oder 18. Jahrhundert und der berühmte Biologe Charles Darwin steuerte seine Ideen sogar erst Mitte des 19. Jahrhunderts bei. Auch wenn Darwin die Biologie nicht erfand, so kann man doch guten Gewissens sagen, dass seine Ideen sie komplett und für immer verändert haben.

Warte mal – wie kann denn Biologie so alt wie die Menschheit sein? Das ist unmöglich. Ich meine, die Höhlenmenschen hatten schließlich keine Schulen und wissenschaftlichen Labore, oder?
Nein, hatten sie nicht. Aber das Studium des Lebens gab es schon, lange bevor wir angefangen haben, es »Biologie« zu nennen, bevor Kinder in die Schule geschickt wurden, um sie zu lernen. Im Prinzip gab es Amateurbiologen auf der Welt, seit Menschen Pflanzen, Bäume, Tiere und die Natur an sich betrachtet haben.

Wie hast du das denn rausgekriegt?
Na ja, die ersten Menschen entwickelten sich in Afrika vor

rund 300.000 Jahren und während der nächsten 250.000 Jahre verbreiteten sie sich über die ganze Welt – über den Mittleren Osten, Europa, Asien, Australien und Amerika. Und das konnte ihnen nur aufgrund eines großartigen Verständnisses von den Pflanzen und Tieren in ihrer Umgebung gelingen.

Als Erstes haben unsere Vorfahren gelernt, essbare und ungenießbare Beeren, Früchte, Wurzeln und Pilze voneinander zu unterscheiden, und sie lernten, Fische, Krebse und kleine Tiere zu finden. Später beobachteten sie die Bewegungen und Gewohnheiten von größeren Tieren, folgten den Herden auf ihren jährlichen Wanderungen und lernten, wann, wo und wie sie nach Nahrung jagen konnten. Noch später experimentierten sie damit, wilde Tiere zu halten und Pflanzen in der Nähe ihrer ständigen Siedlungen anzubauen, statt in der Wildnis zu jagen und zu sammeln – ein neues Zeitalter der Landwirtschaft brach an. Von nun an zähmten sie wilde Hunde und Katzen, um ihre Dörfer und Getreidelager zu bewachen, und sie zähmten Pferde, damit diese sie über große Entfernungen (und in wilde Schlachten) trugen.

Schließlich nutzten die Menschen diese neu gewonnenen Kenntnisse, um den ganzen Planeten zu erobern. Nichts davon wäre ohne ihr Wissen über die Natur möglich gewesen. In gewisser Weise schulden wir also all unsere Erfolge diesen ersten Biologen.

Lektion 1:
Was gibt's zum Frühstück?

Wow. So habe ich das noch nie gesehen. Ich dachte immer, in der Biologie geht es nur darum, Pflanzen und Schmetterlinge anzugucken, Insekten in Gläser zu stecken und so Sachen.
Das ist mit Sicherheit auch Biologie. Aber wie du sehen kannst, gehört noch viel mehr dazu.

Und worum geht es dann bei dem ganzen Kram-in-Gläsern?

Auf die Idee mit dem Kram-in-Gläsern kam man erst vor einigen Hundert Jahren und sie stellte übrigens einen wichtigen Wendepunkt in der Geschichte der Biologie dar. Irgendwann im 19. Jahrhundert wandelte sich nämlich die Biologie von einem Zeitvertreib oder einem Hobby zu einer richtigen *Wissenschaft*.

Zuvor nannten sich die Freizeitsammler und Beobachter der Natur nur **Naturalisten** oder **Naturphilosophen**. Oft waren es reiche Typen, die um die Welt reisten und dabei lebende Sachen in Gläsern sammelten, sie kunstfertig in ihren Notizbüchern skizzierten und anfingen, sie zu sortieren und ihnen Namen zu geben. Sie schnitten auch tote Tiere auf, um herauszufinden, wie ihre Körper zusammengesetzt waren, und ab und an warfen sie auch mal eine Theorie auf, warum etwas so aussah, wie es aussah, oder sich etwas auf eine bestimmte Art verhielt. Aber erst im 19. Jahrhundert, als das Studium der Biologie ein Vollzeitjob wurde, war die moderne *Wissenschaft* Biologie geboren.

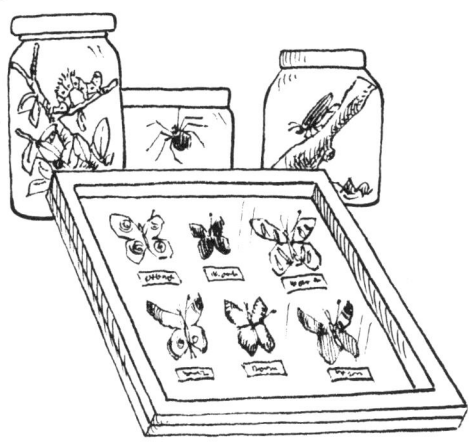

Also, die echte Biologie begann mit reichen Touristen, Künstlern und Insektensammlern?
Ja. Irgendwie schon . . .

Wenn ich jetzt anfange, Insekten zu sammeln und Pflanzen zu zeichnen, werde ich dann auch ein richtiger Biologe?
Es wäre auf jeden Fall ein guter Anfang. Wenn du es mal versuchen willst, probiere mal ein paar der unten stehenden Tipps aus.

Hinterhof-Biologie

Teichproben – Wasche ein leeres Marmeladenglas aus und schöpfe damit Wasser aus einem Teich oder Tümpel in der Nähe. Schau dir dann Tropfen davon unter dem Vergrößerungsglas an (oder, das ist noch besser, unter dem Mikroskop) und zähle, wie viele Wasserflöhe oder andere Tierchen du sehen kannst.

Strandsammlung – Wenn du nah an der Küste lebst, suche bei Ebbe mindestens drei Gezeitentümpel, die von den abziehenden Wellen zurückgelassen wurden. Falls du nicht an der Nordsee bist, sondern an der Ostsee, am Mittelmeer oder einem anderen Meer mit weniger deutlichen Gezeitenunterschieden, dann drehe die Steine um, schau darunter und zähle, wie viele verschiedene Arten von Krabben, Krebsen und Schalentieren (dazu gehören auch Napfschnecken, Herzmuscheln und Miesmuscheln) du finden kannst. Suche den Strand auch nach Muscheln, Krabbenskeletten, Tang oder angespülten Quallen ab. Wie viele verschiedene Pflanzen und Tiere kannst du anhand deiner Funde bestimmen?

> **Vogelbeobachtung** – Schnapp dir einen Freund oder jemanden aus deiner Familie, ein paar Ferngläser und ein Handbuch über die in deiner Gegend heimischen Vögel (optimalerweise eins mit vielen Bildern)[*]. Mach dich dann in den nächsten Park, Wald oder zu nahe gelegenen Wiesen auf. Wie viele verschiedene Vogelarten kannst du während eines einstündigen Spaziergangs erspähen?

Doch wenn du selbst ein *richtiger* Biologe werden willst, musst du noch ein bisschen organisierter und ernsthafter mit deiner Sammelleidenschaft und deinem Studium werden. Bei der echten Biologie (und im Allgemeinen bei jeder Wissenschaft) geht es nicht nur um das Angucken und Sammeln. Es geht auch ums Denken und Ausprobieren und darum, Neues herauszufinden.

Selbst damals im 19. Jahrhundert haben die meisten *Naturalisten* die Sachen nur aus Spaß gesammelt und gezeichnet. Nur eine kleine Anzahl von ihnen betrieb ernsthafte Studien, entwickelte Theorien oder machte sich daran, Tierfamilien oder Pflanzenfamilien zu benennen[**].

Obwohl sie also sehr eifrig waren, taten diese frühen Biologen doch nichts weiter, als die Welt zu skizzieren. Durch diese ersten Sammlungen und Beobachtungen lernten wir ziemlich viel darüber, *wie* Lebewesen aussehen und sich verhalten, aber weniger darüber, *warum* sie so aussehen oder sich auf diese oder jene Weise verhalten.

---

[*] Vielleicht hast du oder hat einer deiner Begleiter sogar ein Smartphone mit einer dieser tollen Vogelbestimmungsapps?

[**] Um mehr darüber zu erfahren, siehe auch das Kapitel »Wie bekommen Tiere ihren Namen?« auf Seite 32.

Warum nicht?
Obwohl sie recht viel über einzelne Pflanzen, Tiere oder andere Organismen herausfanden, erkannten sie doch nicht vollständig, wie diese untereinander *zusammenhingen* oder woher die verschiedenen Tierarten überhaupt *stammten*. Sie konnten nicht mit einer einzigen handfesten Theorie dazu aufwarten.

Bis Charles Darwin die Bühne betrat – und seine berühmte *Theorie der Evolution* vorlegte. Darwins Überlegungen zur Evolution und zur natürlichen Auslese der überlebenden Arten stellten die gesamte wissenschaftliche Welt auf den Kopf und veränderten die Art und Weise, wie wir Biologie betrachten, für immer.

Ach, komm schon. Wie kann denn eine Idee so eine Wirkung haben?
Jaah – *das* ist eine total andere Geschichte. Aber ich bin froh, dass du fragst ...

Was war denn so toll an Darwins Theorie?

Charles Darwins Evolutionstheorie war die erste wissenschaftliche Theorie, die das Auftreten und Verhalten nicht nur von einigen, sondern von allen lebenden Arten erklärte. Er zeigte auf, wie alle Arten miteinander zusammenhingen. Und als ob das nicht genug wäre, erklärte er auch noch den Ursprung der Arten, warum einige Arten ausgestorben sind sowie die Gründe für die große Vielzahl an Arten auf unserem Planeten.

Das hat Darwin echt alles auf einmal geschafft? Mit nur einer Theorie?

Ja – so ziemlich. Obwohl er eine Weile gebraucht hat, bis er all seine Gedanken ausgespuckt hatte. Und als es dann endlich so weit war, haben es auch nicht alle sofort akzeptiert*.

Doch am Ende gab es keinen Weg darum herum. Die Theorie war so einfach, dass es eine wahre Freude war.

Im Grunde lautete sie folgendermaßen:

1. Alle Lebewesen, auch wenn sie zu einer Art gehören, unterscheiden sich im Erscheinungsbild und im Verhalten. Einzelne Individuen können größer oder kleiner, schneller oder langsamer sein, mehr oder weniger attraktiv sowie mehr oder weniger intelligent. Das nennt man *natürliche Variation*.

2. Abhängig von Zeit und Ort (Klima, Menge der zur Verfügung stehenden Nahrungsmittel, Anzahl von gefräßigen

---
* Tatsächlich begannen zu dieser Zeit noch ein paar andere Naturalisten – unter ihnen Alfred Russel Wallace – ganz ähnliche Ideen zu entwickeln. Doch dazu später mehr.

Feinden in der Nähe), sind einige Vertreter der Art besser in der Lage zu überleben (und mehr Babys zu bekommen) als andere.

3. Also werden jene Tiere, die am besten an ihre Umgebung angepasst sind, auch mehr Babys haben, während die, die weniger gut angepasst sind, entweder sterben oder sich nicht (so zahlreich) fortpflanzen können. Das nennt man *natürliche Auslese*.

4. Das bedeutet, dass im Laufe der Zeit alle überlebenden Mitglieder einer Art so aussehen werden wie die besser »geeigneten« Gewinner, da sie die einzigen sind, die übrig blieben. Diesem Effekt hat man den Spitznamen »*Überleben der Bestangepassten*« oder »survival of the fittest« verpasst.

5. Wenn zwei Gruppen einer Tierart getrennt werden und sich in unterschiedlichen Umweltbedingungen wiederfinden, dann wird sich jede Gruppe an die jeweilige Umgebung anpassen und weiterentwickeln – genau so, wie es oben beschrieben wurde. Irgendwann werden die beiden Gruppen so unterschiedlich sein, dass sie *zwei verschiedene Arten* bilden. Auf *diese Weise bilden sich neue Arten.*

Das ist alles? Das ist die ganze Evolution?

Na ja, nein – nicht ganz. Es gehört schon noch ein bisschen mehr dazu. Zum Beispiel kann sich die »Umgebung« auf viele Arten ändern und Tierarten müssen nicht räumlich voneinander getrennt sein (zum Beispiel durch Berge oder Flüsse), um neue Tierarten zu bilden. Manchmal reicht eine Veränderung des Nahrungsangebots, des Wetters oder veränderte Angewohnheiten von wählerischen Weibchen, um das auszulösen. Aber zu alldem kommen wir später noch.

Der Punkt ist, dass diese Theorie plötzlich all die zufälligen

Beobachtungen und Ideen, auf die man früher schon gekommen war, sinnvoll zusammenführte. Es schien, als wäre das »Große Buch der Biologie« auf Japanisch* geschrieben und plötzlich zog Darwin ein englisch-japanisches Wörterbuch aus der Tasche.

Das ist ja ziemlich eindrucksvoll. Wie kam denn Darwin überhaupt auf diese Idee? Ist ihm das mal im Traum eingefallen?
Er entwickelte seine Theorie in mühevoller Arbeit über mehrere Jahre. Viele Anregungen lieferte ihm seine berühmte Reise rund um die Welt an Bord der Beagle (falls du davon noch nichts gehört hast, keine Sorge – mehr dazu gibt es in einer Minute).

Wie es in der Wissenschaft üblich ist, konnte er auch auf Ideen anderer Leute aufbauen. Dennoch war er ein Pionier (wie Albert Einstein für die Physik), der eine revolutionär neue Sichtweise auf die Entwicklung der Lebewesen lieferte – und diese auch noch sehr gut begründen konnte. Lange zögerte er, ob die Welt reif für seine Theorie war. Erst als ein anderer drohte, ihn auf der Ziellinie zu überholen, schrieb er sein berühmtes Buch ... welches die Wissenschaft für immer veränderte.

Er segelte um die ganze Welt? Tatsächlich? Warum denn das?
Von Dezember 1831 bis Oktober 1836 segelte Darwin auf Einladung des Schiffskartografen Kapitän Robert FitzRoy an Bord der Beagle um die ganze Welt. Später nannte er sich selbst Schiffsnaturalist und begann, Proben von Pflanzen, Tieren und Fossilien für spätere Studien nach London zu schicken.

Auf seinem Weg entlang der Küste Südamerikas entdeckte

---

* Oder, für die japanischen Leser, auf Suaheli oder so. Ihr versteht schon, was ich meine.

Darwin in Argentinien einige geheimnisvolle Fossilien. Es stellte sich heraus, dass diese vom Megatherium (einem während der Eiszeit lebenden Riesenfaultier, siehe Abbildung links) und von amerikanischen Kamelen stammten, die schon längst ausgestorben waren. Später entdeckte er auch eine kleinere, vom Aussterben bedrohte südamerikanische Straußenart, den Nandu (siehe rechts). Tatsächlich *aßen* der Kapitän und er sogar unwissentlich einen Nandu, den die dortigen Einwohner gefangen und gekocht hatten.

Darwin hat eine vom Aussterben bedrohte Art gegessen? Na, das war aber nicht besonders cool!
Ja. Tatsächlich ist diese spezielle Art jetzt ausgestorben[*], nicht zuletzt durch die Besatzung der *Beagle*. Und das war nicht die einzige bedrohte Art, die Darwin und der Kapitän auf dieser Reise verspeisten. Dennoch, als guter Wissenschaftler (wenn auch nicht als großer Bewahrer) hat Darwin die Knochen aufgehoben und sie nach London gesandt.

Während alldem machte er sich Notizen und grübelte über das Geheimnis der ausgestorbenen Tierarten nach. Wohin waren sie alle verschwunden? Hatten die Einheimischen sie alle

---

[*] Zum Glück gelang es zwei anderen Nandu-Arten, nicht restlos aufgefuttert zu werden und bis heute zu überleben.

aufgegessen? Warum überlebten einige Arten, während andere verschwanden?

Zu dieser Zeit gingen die meisten Naturalisten davon aus, dass Gott die Arten auf der Erde geschaffen hatte, und zwar genau so, wie sie waren, einfach um die Menschheit zu ernähren, zu unterhalten und ihr zu dienen. Aber warum, so überlegte Darwin, sollte Er eine Tierart erschaffen, um sie dann vernichten zu lassen? Hmm . . .

Stammen daher seine Ideen zur natürlichen Auslese?
Nein, nicht ganz. Aber es brachte ihn zum Nachdenken. Und er setzte seine biologische Detektivarbeit während der ganzen Reise fort. Später auf dieser Reise wanderte Darwin durch den Regenwald von Peru und war überwältigt von der unglaublichen Vielfalt an Pflanzen, Bäumen, Vögeln, Insekten, Affen und anderen Tieren, die er dort sah. Wieder wunderte er sich: Wenn alle Arten nur zum Nutzen des Menschen geschaffen worden waren, warum würde Gott so viele Arten kreieren und sie dann an einem solch abgelegenen Ort verstecken?

War das der Moment, als er den Geistesblitz hatte?
Nee. Noch nicht. Einige Wochen später, auf seinem Weg Richtung Westen über den Stillen Ozean, machte die *Beagle* kurz an einigen abgelegenen Inseln etwa 1.000 Kilometer westlich von Ecuador halt, die man auch als die Galapagosinseln kennt.
Auch hier entdeckte Darwin eine unglaubliche Vielzahl an Tierarten, unter anderem eine riesige, tapsige Schildkröte und gefährlich

Zweig-Darwinfink
(*Camarhynchus parvulus*)

Dickschnabel-Darwinfink
(*Camarhynchus crassirostris*)

Kaktus-Grundfink
(*Geospiza scandens*)

Waldsängerfink
(*Certhidea olivacea*)

aussehende, im Wasser lebende Leguane – die wie Drachen oder Dinosaurier auf den Felsen nahe der Küste thronten.

Wieder fragte er sich: Warum gibt es weit entfernt vom Menschen solch eine Vielfalt an Tieren?

Inmitten all dieser vielen Tierarten skizzierte, sammelte und beschriftete Darwin Dutzende von Vogelarten, die den Naturalisten bis dahin unbekannt waren. Er sandte sie alle zu einem Freund nach London, der sie identifizieren sollte – und beschriftete sie, so gut er konnte, als Finken, Zaunkönige, Drosseln und Spechte. Zu jener Zeit ahnte er die Bedeutung dieser Vögel für seine Theorie noch nicht. Aber Jahre später, als er wieder glücklich bei seiner Familie in England war, erklärte ihm sein Vogelspezialisten-Freund, dass all die Vögel Finkenarten waren – heute sind sie als die Galapagosfinken bekannt. Aufgrund ihres unterschiedlichen Körperbaus und ihrer verschiedenen

Schnabelformen *sahen* sie nur *aus,* als gehörten sie zu komplett anderen Vogelfamilien.

Aber warum, überlegte Darwin, gab es so viele verschiedene Finkenarten an einem Ort? Später erkannte er, dass sich jede Finkenart angepasst (oder verändert) hatte, um andere Nahrung auf der Insel zu fressen – sie fraßen entweder Samen, Nüsse, Insekten, Früchte oder Kakteen, die auf der Insel wuchsen. Finken mit papageienähnlichen Schnäbeln knackten Nüsse, während die mit schmalen, spechtähnlichen Schnäbeln die Baumstämme nach Insekten abklopften, und so weiter. Die Vögel, deren Schnäbel am besten an die jeweiligen Nahrungsquellen angepasst waren, hatten überlebt und sich fortgepflanzt, während die mit den weniger passenden Schnäbeln gestorben waren – so entstand eine große Palette an verschiedenen Finken, die alle von einem »Vorfahren« *abstammten.*

Na endlich! Und dann hat er allen von seiner Theorie erzählt, stimmt's?
Nein. Er reiste nach Hause. Er wartete. Er studierte weitere Lebewesen – wie Seepocken, Orchideen und gezüchtete Haushunde – und dachte immer wieder über seine Theorie nach. Und er trug Notizen zusammen und schrieb Aufsätze, aber nur für sich. Er sprach nie öffentlich über seine Ideen, noch weniger veröffentlichte er sie. Das ging über zwei Jahrzehnte so.

Was? Warum denn nicht?
Zum einen, weil er wusste, dass man die Ideen über die Evolution für albern, wenn nicht gar für *gefährlich* halten würde, und er sich um seinen Ruf Sorgen machte.

Du musst bedenken, dass damals fast alle glaubten, dass Gott alles Leben geschaffen und auf perfekte Weise über die Welt verteilt hatte. Darwin ahnte, dass man es für Blasphemie (also eine Beleidigung Gottes und der Kirche) halten würde, wenn er etwas anderes sagte. Also wartete und wartete er – sammelte Fakten und machte sich Notizen. Mehr als 20 Jahre lang.

Seufz. Und wann rückte er schließlich damit raus?
Im Jahr 1858, als ein junger Mann namens Alfred Russell Wallace ihm von seinen eigenen Theorien über die Evolution schrieb. Inspiriert von den Reisegeschichten von Darwin und anderen Naturalisten, ging dieser selbst auf Weltreise, die ihn zunächst nach Brasilien, dann nach Malaysia führte. Dort bemerkte er Ähnlichkeiten zwischen zwei Säugetierklassen, die auf geografisch getrennten Inseln lebten.

Daraus folgerte er, ganz ähnlich wie Darwin mit seinen Finken, dass verschiedene Tierarten sich so entwickelten, dass sie einander ähnelten, wenn ihre Umgebungen und Bedürfnisse ähnlich wären. Darwin bekam einen Schreck und befürchtete, dass Wallace ihm nun zuvorkommen würde, raffte seine jahrzehntelange Arbeit zusammen und veröffentlichte sie, so schnell er konnte. Das Buch – *Die Entstehung der Arten* – wurde eines der berühmtesten, einflussreichsten und am heftigsten diskutierten Bücher aller Zeiten.

Woah! Ich hatte mir ja schon gedacht, dass Evolution wichtig war und so. Aber ich hatte keine Ahnung, dass es so eine große Sache war.
Das war sie wirklich. Und ist es immer noch.

Tatsächlich sagt man sogar, dass »nichts in der Biologie Sinn ergibt, *außer* man betrachtet es im Licht der Evolution«. Die Theorien der Naturalisten darüber, woher die Vielfalt an Leben auf der Erde stammt, die vor Darwins Theorie bestanden, waren allerhöchstens ein Stochern im Nebel. Schlimmstenfalls waren es Mythen oder Falschmeldungen.

Aber jetzt wissen wir alles darüber, wie Leben funktioniert, stimmts?
Nein, noch lange nicht. Es gibt immer noch ziemlich viel, von dem wir keine Ahnung haben. Aber Dank Darwin wissen wir eine Menge mehr als vorher. Und was den Rest angeht, können wir nun klügere (und damit hoffentlich genauere) Vermutungen anstellen.

Das läuft doch so weit ganz gut.
Ja, gar nicht schlecht. Gut gemacht, Charlie!

Wie kommen Tiere zu ihren Namen?

Jedes Tier hat mindestens zwei Namen. Ihren herkömmlichen Namen – wie zum Beispiel »Gorilla«, »Emu« oder »Tiger« – bekommen die Tiere oft von Einheimischen aus der Gegend, in der sie leben. Aber sie haben auch einen offiziellen wissenschaftlichen Namen, der ihnen von Biologen oder Zoologen verliehen wurde. Und nicht nur die Tierarten bekommen ihre eigenen schicken Titel. Pflanzen, Pilze, Bakterien und alle anderen Lebewesen kriegen die auch.

Aber wie kamen die Menschen überhaupt erst einmal auf die Namen? Hat irgend so ein Typ in Afrika mal auf einen Gorilla gezeigt und gesagt »Gorilla« – und alle haben genickt und zugestimmt?

Möglich, ja. In einigen Fällen ist der herkömmliche Name eines Tieres uralt und mag entstanden sein, als die ersten Menschen anfingen, zu sprechen und sie zu benennen. Das Wort Gorilla stammt zum Beispiel von dem alten afrikanischen Wort *gorillai*, welches die Menschen in Westafrika schon 480 vor Christus und wahrscheinlich schon Tausende Jahre davor benutzt haben. Andere Namen beschreiben ein Tier in der jeweiligen Sprache der Einheimischen. Zum Beispiel bedeutet *Orang-Utan* auf Malayisch »alter Mann im Wald«. Und *Koala* bedeutet interessanterweise in der Sprache einiger australischer Aborigines »ohne Trinken«.

Hä? Wieso nennen sie ihn denn »ohne Trinken«?

Weil Koalas fast kein Wasser trinken. All das Wasser, das sie brauchen, bekommen sie über Regen- und Tautropfen und durch die Flüssigkeit in den Blättern, die sie fressen. Die cleveren Aborigines haben das gewusst und die Tiere entsprechend benannt.

Bedeuten alle Tiernamen etwas?
Nicht alle. Manche Einheimischen haben die Namen der Tiere auch eher zufällig ausgewählt. Und tatsächlich haben die meisten (oder jedenfalls viele) Tiere ihre herkömmlichen Namen von Fremden bekommen. Das lag daran, dass Forscher und Gelehrte aus fernen Ländern anreisten und dann die Tiere in ihrer eigenen Sprache neu benannten. Später verbreiteten sich *diese* Namen, da die Gelehrten und Forscher Bücher schrieben. Und die neueren, fremden Namen blieben oft hängen – und ersetzten dann im Laufe der Zeit die ursprünglichen Namen der Einheimischen.

Der deutsche Name *Faultier* zum Beispiel hat seinen Ursprung im Wort »Faulheit«, während ein südamerikanischer Indianerstamm das Tier unter dem Namen *rit* oder *ritto* kannte (das bedeutet »Schläfer«). Ganz ähnlich ist es mit dem *Erdferkel*. Sein Name leitet sich von dem Wort *aardvark* ab, welches in Afrikaans »Schwein in der Erde« bedeutet. Das lateinische *Hippopotamus* (Flusspferd) heißt so viel wie »Pferd im Fluss« und *Giraffe* stammt von dem arabischen Wort *zirafah* und bedeutet »Größte von allen«. Viele der Tiernamen verdanken wir also mehr den reisenden englischen, holländischen, griechischen und arabischen Gelehrten und Matrosen als den einheimischen Stämmen.

Wie ist es mit den schicken wissenschaftlichen Namen? Wie kommt eine Tierart zu einem von denen?
Der wissenschaftliche Name einer Tierart wird meist auf Lateinisch oder Griechisch vergeben – die altehrwürdigen Sprachen der Wissenschaft (und des Studiums im Allgemeinen). In früheren Zeiten konnten sich so Gelehrte überall auf der Welt

verstehen, ohne ewig viele neue Sprachen lernen zu müssen. Und auch wenn Wissenschaftler heute dazu neigen, sich auf Englisch oder in anderen Sprachen zu verständigen, so blieb doch die Angewohnheit, Tierarten auf Griechisch oder Lateinisch zu benennen, hängen. Zum einen vereinfacht es die Dinge, falls eine Tierart mehr als einen herkömmlichen Namen hat. Den amerikanischen Puma kennt man zum Beispiel auch als Silberlöwen, Berglöwen oder Kuguar. Doch Zoologen müssen nicht darüber streiten, welchen Namen sie verwenden, denn sie alle kennen ihn als *Felis concolor*.

Die wissenschaftliche Bezeichnung besteht üblicherweise aus zwei Teilen. Sie beschreibt entweder körperliche Merkmale einer Art oder wo man sie finden kann. Manchmal wird eine Tierart aber auch nach der Person benannt, die sie entdeckt hat, oder nach bekannten Wissenschaftlern oder berühmten Persönlichkeiten. Und das gilt auch für Pflanzen, Pilze, Bakterien und Protisten (das sind einzellige Lebewesen, siehe auch Seite 36). Worum auch immer es sich handelt – es hat einen wissenschaftlichen Doppelnamen.

Zum Beispiel ist *Ursus maritimus* (also »Meeres-Bär«) der wissenschaftliche Name für den Eisbär (denn er schwimmt so schön zwischen den Eisschollen in der Arktis). Der amerikanische Schwarzbär heißt hingegen einfach nur *Ursus americanus* (amerikanischer Bär). Hunderte von Pflanzen und Tierarten wurden nach Charles Darwin benannt – unter anderem der *Berberis darwinii* (Darwin-Berberitze) und *Rhinoderma darwinii* (Darwin-Frosch). Und für Kinofans: Es gibt auch eine Spinne namens *Caplonus harrisonfordi* und eine Biene namens *Agra schwarzeneggri*.

Ich bin sicher, Indiana Jones und der kräftige österreichische Muskelmann sind überaus glücklich darüber.

Tierischer Buchstabenmix

Entwirre diese Anagramme und übersetze die wissenschaftlichen Tiernamen in die herkömmlichen Namen.

Wissenschaftlicher Name	Bedeutung	Herkömmlicher Name	Herkömmlicher Name (Anagramm)
Spilogale putorius	»stinkendes, geflecktes Wiesel«	?	ÖSTERLICH CKENFELSKNUK
Orcinus orca	»Mörder-aus-der-Hölle-Wal«	?	WALTWERSCH
Ursus arctos horribilis	»schrecklicher Bär Bär«	?	RIZZYBRÄGL
Macropus rufus	»roter Großfuß«	?	ROSTE EISERNÄNGURUK
Ornithorhynchus anatinus	»entenähnliche Vogelschnauze«	?	RESCHNATIBAL
Ailuropoda melanoleuca	»schwarz-weißer Katzenfuß«	?	ROSSGER DAPAN

(Lösungen ab Seite 198)

Also können Wissenschaftler die Tiere so nennen, wie sie wollen? Solange es nur auf Griechisch oder Latein ist?

Nicht ganz. Da gehört schon noch ein bisschen mehr dazu. Während die zweiteiligen Namen einer neuen Gattung oder Art ziemlich frei gewählt werden können, kann der vollständige Name einer Art aus 20 oder mehr Teilen bestehen. Diese beschreiben die nächsthöhere Gruppe, Klasse und Familie, zu der das Tier gehört. Tatsächlich beschreibt der vollständige Name einer Art den ganzen Weg runter bis zum *Reich* (Tiere, Pflanzen, Pilze, Einzeller oder Bakterien), zu dem sie gehört*.

Ein kluger schwedischer Naturalist namens Carl Nilsson Linnæus (auch genannt Carl von Linné) stellte 1735 als Erster dieses System auf. Er schrieb ein Buch namens *Systema Naturæ* (System der Natur), in welchem er begann, alle lebenden Wesen in höhere Gruppen und Familien zu klassifizieren. Sein ganzes weiteres Leben verbrachte er damit, dieses Buch umzuschreiben und sein Werk weiter auszubauen. Die Gruppen, die er einführte, haben sich seither ein wenig verändert (einige neue wurden hinzugeführt, andere wieder herausgestrichen). Doch Biologen verwenden dieses System der Klassifizierung und Benennung von Lebewesen heute immer noch – und das fast 300 Jahre später.

Und so funktioniert es: Jede Art ist Teil einer größeren Gattung und jede Gattung ist wiederum Teil einer größeren Familie. So weit klar?

Ich denke schon.

Okay. Also, jede **Familie** ist Teil einer höheren **Ordnung**, jede **Ordnung** ist Teil einer **Klasse** und jede **Klasse** Teil eines **Stammes**. Und jeder **Stamm** gehört zu einem **Reich**.

Man unterscheidet sechs Reiche für Lebewesen – Animalia (Tiere), Plantae (Pflanzen), Fungi (Pilze), Protista (mikroskopisch kleine, einzellige Lebewesen, die ein kleines bisschen größer und etwas komplexer als Bakterien sind), Bacteria (was das ist, weißt du) und Archaea (uralte Bakterien, die gerne an extremen Orten wie Vulkanen, Salzseen oder Gletschern leben). Jedes Lebewesen auf der Erde – und ich meine wirklich *jedes* – gehört in eines dieser sechs Reiche.

---

* Mehr über die Reiche als Einteilung für Lebewesen findest du im nächsten Kapitel.

Jedes **Reich** hat 30 oder mehr **Stämme** (*phyla* auf Lateinisch). Und jeder **Stamm** umfasst üblicherweise mehrere **Klassen** und **Ordnungen**, *Hunderte* von **Familien** und **Gattungen** und *Tausende* von **Arten**. Wenn du das alles zusammennimmst, kommst du auf *Millionen* von Arten auf unserem Planeten (Experten gehen von fünf bis 30 Millionen aus). Und auch wenn wir wahrscheinlich nie dazu kommen werden, alle Arten auf der Welt zu benennen, so haben wir doch ein System, mit dem wir das tun könnten. Dieses System nennt man Taxonomie und diese Namensgruppen nennt man taxonomische Gruppen.

Und damit kann man alles benennen? Wirklich alles?
Ja. Hier sind ein paar Beispiele, damit du siehst, wie sich deine Hauskatze von einem afrikanischen Löwen unterscheidet, oder ein Schimpanse von einem Menschen.

\	Taxonomische Gruppen			
Reich	Animalia	Animalia	Animalia	Animalia
Stamm	Chordata	Chordata	Chordata	Chordata
Klasse	Mammalia (Säugetiere)	Mammalia (Säugetiere)	Mammalia (Säugetiere)	Mammalia (Säugetiere)
Ordnung	Carnivora	Carnivora	Primates	Primates
Familie	Felidae	Felidae	Hominidae	Hominidae
Gattung	*Felis*	*Panthera*	*Pan*	*Homo*
Art	*catus*	*leo*	*troglodytes*	*sapiens*
Herkömmlicher Name	Katze	Löwe	Schimpanse	Mensch

Moment mal – die meisten dieser Gruppen sind gleich, stimmt's?
Das stimmt. Und das zeigt nur, wie eng verwandt diese Tiere miteinander sind.

Ich fasse mal zusammen:

- Alle vier sind Animalia (Tiere), Chordata (Wirbeltiere, also Tiere mit Rückgrat und Rückenmark) und Mammalia (haarige Wesen, die Milch produzieren, auch Säugetiere genannt).

- Dann gibt es eine Zweiteilung: Während die Katze und der Löwe zu den Carnivora gehören (sie sind beide Fleischfresser), sind der Schimpanse und der Mensch beides Primaten (Baumkletterer mit großem Gehirn und Daumen) und Hominidae (große, schwanzlose Affen, die ihre Hände zum Sammeln von Essen einsetzen und manchmal auch Werkzeuge verwenden).

- Erst wenn du dir die Ebene der Gattung ansiehst, stellst du fest, dass sie sich in vier völlig verschiedene Gruppen unterteilen: *Felis* (kleine Katzen), *Panthera* (große Katzen oder Panther), *Pan* (Schimpansen) und *Homo* (Menschen oder Menschenaffen).

Wie sehr müssen sich Tiere denn unterscheiden, damit sie zu verschiedenen Klassen gehören?
Um die Unterschiede zwischen den Klassen zu erkennen, musst du eines dieser Säugetiere mit einem Krokodil (Klasse Reptilia), einem Vogel (Klasse Aves) oder einem Molch (Klasse Amphibia) vergleichen. Um einen anderen Stamm zu finden, brauchst du etwas ohne Wirbelsäule oder Rückenmark, wie zum Beispiel eine Wespe (Stamm Arthropoda, auf Deutsch Gliederfüßer) oder eine Qualle (Stamm Cnidaria, auf Deutsch

Nesseltiere). Und für ein anderes Reich brauchst du eine Pflanze, einen Pilz, einen Einzeller oder eine Bakterie.

Wow. Wie soll man sich das denn alles merken?
Das Gute ist, dass du dir das gar nicht merken musst. Einige dieser Gruppen zu kennen, kann ganz praktisch sein, um Tiere und andere Lebewesen zu erkennen. Und das wiederum hilft zu verstehen, wie sich eine Gruppe aus der anderen entwickelt haben könnte. Aber wirklich *jeden* Namen zu kennen, ist gar nicht so wichtig, außer natürlich du willst Zoologe oder Taxonom werden.

Doch wenn du ein wenig über das Leben der Tiere lernen und deine Freunde beeindrucken willst, wenn ihr das nächste Mal in den Zoo geht, dann probier mal das Quiz auf der nächsten Seite. Wenn du damit fertig bist, können wir unsere Erkundungsreise durch das Reich der Tiere fortsetzen.

Du meinst unsere Reise durch das Reich Animalia, nicht wahr?
Da hast du recht. Na also, du blickst doch schon durch!

Zoologie selbst gemacht

Versuch dich im Klassifizieren. Schaffst Du es, die unten stehenden Tiere in die richtigen Klassen oder Familien einzuordnen?

- Zeichne dazu ein Diagramm mit einander überlagernden, beschrifteten Kreisen.
- Der größte Kreis ist das Reich Animalia.
- In diesem gibt es die Stämme Chordata (also alle mit Wirbelsäule oder zumindest etwas Ähnlichem) und Arthropoda (Gliederfüßer – alle, die gegliederte Extremitäten und ein Außenskelett haben).
- Hierzu gehören einerseits die Klassen Mammalia (Säugetiere), Reptilia und Amphibia und andererseits die Klassen Insecta und Crustacea (Krebstiere).
- Innerhalb der Säugetiere gibt es wiederum die Ordnungen Carnivora (Fleischfresser oder Raubtiere), Primates und Rodentia (Nagetiere).
- Innerhalb der Säugetiere gibt es die Familien Ursidae, Felidae, Hominidae.

Beispiele:

1 Schneeleopard (*Uncia uncia*)
2 Mensch (*Homo sapiens*)
3 Gemeiner Schimpanse (*Pan troglodytes*)
4 Amerikanischer Hummer (*Homarus americanus*)
5 Eisbär (*Ursus maritimus*)
6 Dunkle Erdhummel (*Bombus terrestris*)
7 Hausratte (*Rattus rattus*)
8 *Tyrannosaurus Rex*

(Lösung ab Seite 198)

Warum haben alle Tiere unterschiedliche Formen und Größen?

Weil sie mutiert sind und sich seit vielen Millionen Jahren entwickelt haben – und sich so langsam an ihre jeweilige Umgebung, Nahrung und Lebensform angepasst haben. All die Formen entstanden durch Veränderungen in den Genen und der DNA – manche waren größer, andere kleiner – und es gab jede Menge natürliche Auslese.

Mutierte Tiere? Du willst mir doch nicht tatsächlich erzählen, dass überall auf dem Planeten mutierte Tiere rumlaufen?
Doch. Ganz genau.

Aaaaargh!!! Nichts wie weg!
Huh – immer mit der Ruhe, Tiger! Warum die Panik?

Bist du verrückt? Mutierte Tiere! Die hab ich schon in Filmen und Videospielen gesehen. Die sind alle total verrückt und missgebildet und fressen Menschen...
Stopp mal – nicht diese Art von Mutanten.[*] Ich meinte nur solche Tiere, die von einer Generation zur nächsten mutierten oder sich veränderten. Das ist ein ganz natürlicher Vorgang.

Oh. Also... nicht durch verrückte Wissenschaftler, Chemikalien, Strahlung und solchen Kram mutiert?
Hm... nein. Eigentlich nur aufgrund von natürlichen Veränderungen in ihren Genen (oder ihrer DNA), das passiert immer wieder, ganz von alleine und überall...

---

[*] Diese Art von Mutation gibt es nur im Film oder in Videospielen – im echten Leben aber nicht, also würde ich mir auch gar nicht so große Sorgen darüber machen.

Puh. Das ist ja gut zu wissen. Okay, jetzt kannst du weitererzählen.

Danke. Wo war ich stehen geblieben?

Wie schon gesagt, bei der Evolution geht es hauptsächlich um Gene, die sich verändern. Das ist etwas, was selbst Darwin noch nicht wusste. Aber die Gene sind die Wurzeln der natürlichen Auslese und sie sind der Grund, warum Tiere (und alle anderen Lebewesen) am Ende immer wieder verschieden aussehen.

Darwin wusste das nicht? Ich dachte, er hätte die ganze Evolution ausgekundschaftet?

Nicht alles. Darwin wusste, dass sich Tiere üblicherweise von einer Generation zur nächsten verändern. Und er wusste auch, dass sie diese Veränderungen (oder Mutationen) an ihren Nachwuchs weitervererben. Aber er wusste nicht, wie oder warum sie mutieren oder wie die Veränderungen weitergegeben werden[*]. Dass er nicht in der Lage war, das zu erklären, machte es für ihn schwierig, seine Theorie von Verwandtschaften und Entwicklungen zwischen Tiergruppen zu verteidigen. Vielleicht ist es einfach, sich vorzustellen, dass sich Mottenflügel nach und nach von Braun zu Schwarz verändern ... und fast genauso leicht ist es, sich die Wandlung einer Motte in einen Schmetterling vorzustellen oder von einer Biene in eine Wespe, vielleicht sogar von einem Wolf in einen Hund. Aber der Sprung von einem Hummer zu einem Lama, von einer Qualle zu einem Elefanten, einer Garnele zu einem Menschen ... das muss man erst mal verdauen, bis man sich das vorstellen kann.

---

[*] Tatsächlich wurde das erst vor Kurzem herausgefunden. Nachdem in den späten 1880er-Jahren in Nordengland Fabriken gebaut wurden, veränderte sich die gesamte Population von gefleckten Motten von einem gesprenkelten Weiß-Braun zu fast Schwarz. Es stellte sich heraus, dass die Schwarzen auf den rußgeschwärzten Baumstämmen besser getarnt waren. Heute, mit weniger Verschmutzung durch die Fabriken, entwickeln sich die Motten wieder zu ihrer ursprünglich helleren Farbe.

Hmm . . . ich verstehe, was du meinst. Aber wie kommt man denn nun von einer Garnele zu einem Menschen? Ich meine, die sind doch total verschieden.
Die Antwort versteckt sich in ihrer DNA, in ihren Genen.

Alle Lebewesen haben eine DNA – es gibt sie in jeder lebenden Zelle eines Körpers (und in jedem Körper!). Die DNA enthält die Gene – das sind die Anweisungen für jede wachsende Zelle (und letztendlich für das ganze Tier), wie sie sich selbst aufbauen soll. Die DNA kopiert sich jedes Mal mit, wenn sich eine Zelle teilt und dadurch vermehrt. Aber das klappt nicht immer perfekt. Manchmal passieren Fehler, die Veränderungen (oder Mutationen) in den Genen nach sich ziehen. Wenn das passiert, bekommen einige Zellen veränderte Bauanweisungen, die wiederum zu Veränderungen im Körper des Tieres führen.

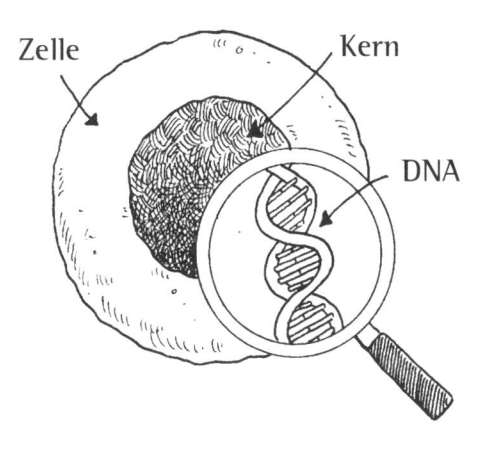

So was wie ein zusätzlicher Arm oder ein weiteres Bein?
Meist ist es nicht ganz so dramatisch. Manchmal bewirken Mutationen gar nichts, manchmal sorgen sie für große Änderungen. Das hängt von den Genen ab und von der Art der Mutation.

Ein besonderes Set von Genen, die Master-Kontrollgene, beinhalten den Bauplan für den gesamten Körper eines Tieres. Sie sagen dem wachsenden Embryo, an welches Ende der Kopf und an welches der Schwanz hinkommt, wie viele Arme,

Beine oder Flügel es haben sollte (und wo sie hingehören), wie die Innereien, die Knochen und Nerven sich entwickeln ... das ganze Programm. Ändern sich diese Gene, kann der ganze Körperbau des Tieres enorm anders aussehen.

Zum Beispiel entscheidet ein Paar Gene, auf welcher Seite des Körpers die Wirbelsäule und die Därme liegen. Bei Menschen und anderen Wirbeltieren ist die Wirbelsäule – natürlich – am Rücken, während die Därme auf der Bauchseite (also der Vorderseite) liegen. Während es bei Garnelen, Hummern, Spinnen und anderen Arthropoden (Gliederfüßer) genau andersherum ist. Diese Tiere haben zum einen gar keine Wirbelsäule. Aber sie haben eine einfache Art von Rückenmark (auch Notochord genannt), das durch ihren Bauch verläuft, während ihre Därme auf dem Rücken liegen. Wenn du schon mal Garnelen gegessen hast, ist dir das vielleicht aufgefallen. Manchmal sieht man so eine kleine dunkle »Ader« auf ihrem Rücken, stimmt's? Na ja, das ist eigentlich ihr Darm (weshalb man ihn am besten vor dem Essen herauspult, denn wer isst schon gern Garnelenkacke?). Und dieser Darm liegt genau dort, wo bei Reptilien oder Säugetieren die Wirbelsäule wäre.

Wie konnte das passieren?

Das geschah an irgendeinem Punkt in der Vergangenheit, als jenes Tier, was sich dann zur Garnele entwickelte, seinen Körperbauplan auf den Kopf stellte, weil – und das ist der entscheidende Moment – zwei seiner Master-Kontrollgene mutiert waren. Plötzlich gab es eine Gabelung in der Entwicklung. Ein Weg führte zu einer Gruppe von Tieren (den Fischen, Amphibien, Reptilien, Vögeln und Säugetieren), die eine Wirbelsäule im Rücken haben, während der andere Weg zu Tieren (wie den Garnelen, Hummern, Spinnen und anderen Arthropoden) führte, die am Rücken stattdessen ihren Darm haben.

Also, sind wir Menschen nichts weiter als umgedrehte Garnelen?

Genau! Und Veränderungen wie diese haben zu den vielen verschieden Bauplänen von Tierkörpern geführt. Es gibt alles von der glockenförmigen Qualle bis hin zum röhrenförmigen Aal. Vom vierbeinigen Nashorn bis zum zweibeinigen Menschen.

Wow. Riesige Röhrenfische und zweibeinige, mutierte Garnelen-Menschen. Die sollten davon mal ein Videospiel machen. Oder wenigstens einen Film . . .

Wenn ein Eisbär und ein Grizzlybär zusammen Babys hätten, welche Farbe hätten diese?

Das passiert durchaus ab und zu und die Jungen haben gewöhnlich weiße Körper und bräunliche Beine. Tiere verschiedener Arten können sich manchmal mischen und miteinander vermehren und – ganz selten – kann das zur Entstehung neuer Arten führen. Aber unglücklicherweise, von einigen Ausnahmen abgesehen, mischen sich die Gene verschiedener Arten nicht so gut, sodass sie meist keinen gesunden Nachwuchs zeugen können.

Oh – das ist aber schade. Wir könnten sie Eis-Grizzlys nennen. Oder Grolarbär. Oder Pizzly . . .

In der Tat begegnen sich Braun- und Eisbären nun aufgrund des schmelzenden Arktiseises öfter – was auf lange Sicht dabei herauskommt, kann man kaum vorhersagen. Wahrscheinlich wären »Polar-Grizzlys« nicht besonders gut geschützt im arktischen Eis. Außerdem sind sie sehr, sehr selten und oft unfruchtbar.

Und warum funktioniert es nicht, dass sich Arten mischen?
Also erstens bevorzugen es die meisten Arten, sich nur mit ihresgleichen zu paaren. Und zweitens, selbst wenn sie sich paaren, kommt nicht immer was Gutes dabei raus.

Waren zwei Tiergruppen lange genug voneinander getrennt, dann hat sich mit hoher Wahrscheinlichkeit zumindest ein Teil ihrer Gene verändert und in unterschiedliche Richtungen entwickelt. Ist das einmal geschehen, werden die Gene der beiden Arten immer unterschiedlicher werden. Wenn sie sich dann wieder miteinander verbinden – in den seltenen Fällen, in denen sich Vertreter zweier Arten miteinander paaren –, dann passen sie nicht mehr zusammen. Oder zumindest arbeiten die Gene nicht mehr so gut zusammen, dass ein gesundes Tierbaby dabei herauskommt.

Also auch wenn die Tiere äußerlich gleich aussehen – so wie Grizzlybären und Eisbären –, können sie nicht unbedingt zusammen Babys bekommen, denn innerlich sind sie zu unterschiedlich? In den Genen?
Genau! Besser hätte ich es selbst nicht sagen können. Tatsächlich ist das Teil der Definition, was eine Art überhaupt ist. Im Grunde ist eine Art eine Gruppe von gleich aussehenden Tieren. Sie pflanzen sich nur untereinander fort und wollen (oder können) sich nicht mit anderen Gruppen vermehren – ganz egal wie ähnlich die anderen Gruppen erscheinen.

Okay, das verstehe ich. Ist zwar schade, aber ich verstehe es.
Natürlich gibt es Ausnahmen. Wie die Maultiere, die eine Kreuzung aus Eselhengst und Pferdestute sind, oder Liger, die aus der Kreuzung zwischen einem männlichen Löwen und einer Tigerin entstehen[*].

---

[*] Paaren sich ein weiblicher Löwe und ein männlicher Tiger, entsteht ein noch seltenerer Hybrid, der Töwe (auch Tigon genannt).

Solche Tiere aus gemischten Arten nennt man Hybriden. Sie zeigen, dass Kreuzpaarungen (die man auch als Hybridisierung oder Kreuzungszüchtung kennt) für einige Tiere durchaus möglich sind. Aber Hybridarten sind immer noch sehr selten und meistens unfruchtbar, d. h., sie können untereinander keine Jungen bekommen und damit nicht zu einer neuen Art führen.

Zum Beispiel sind männliche Maultiere unfruchtbar – was Maultiere davor bewahrt, in der freien Wildbahn eine neue Art zu bilden. Und während Liger meistens *fruchtbar* sind, paaren sich Löwen und Tiger niemals in der freien Wildbahn, sondern nur in Gefangenschaft. Üblicherweise in Zoos oder Zirkussen.

Wenn eine Tierpaarung zu fruchtbaren Jungen führt, dann kann es manchmal durch Kreuzzüchtung zu einer ganz neuen Art kommen. Aber als Regel kann man sich merken, dass, wenn sich zwei Gruppen erst einmal zu unterschiedlichen Arten entwickelt haben, es meist auch so bleibt.

Aber was bringt sie dazu, sich nicht weiter untereinander zu paaren? Bilden sie Gangs, verkrachen sie sich oder was geht da ab?

Es gibt verschiedene Weisen, wie Tiere, die sich miteinander fortpflanzen, voneinander getrennt werden können. Einer ist, dass sie *räumlich* getrennt sind, zum Beispiel durch Flüsse, Berge oder Wassermassen zwischen Inseln. Normalerweise sollte man nicht denken, dass diese Dinge so schnell hervorsprudeln, dass sie Lebewesen so stark beeinflussen. Aber Evolution verläuft über Tausende oder sogar Millionen von Jahren – während dieser Zeit können Flüsse ihre Richtung ändern, Meereshöhen steigen oder fallen oder Wälder sich in Wüsten verwandeln. Wenn das geschieht, können gestrandete Gruppen von Tieren sich nicht mehr begegnen, um sich zu vermehren. In der Geschichte der Evolution ist das schon oft geschehen, überall auf der Welt.

Eine andere Möglichkeit, wie sie getrennt werden können, ist, wenn sich ein Teil von ihnen neuen Nahrungsquellen oder Beutetieren anpasst. Wenn verschiedene Tiergruppen sich unterschiedliche Nahrungsquellen suchen – manchmal sogar in derselben Gegend auf dem Land oder im Wasser –, dann können sie am Ende auch anders aussehen.[*] In diesem Fall können die Tiere Tausende von Jahren Seite an Seite leben. Bis sie dann eines Tages so unterschiedlich geworden sind, dass sie einander nicht länger ähnlich sehen und die weiblichen Tiere einer Art anfangen, statt der »fremd« aussehenden Cousins nur noch jene männlichen Tiere zu bevorzugen, die wie sie selbst aussehen. Und das bringt uns zur dritten Möglichkeit ...

Manchmal steuern Weibchen die Evolution auch einfach nur dadurch, dass sie wählerisch sind. Wenn Gruppen von Weibchen anfangen, Männchen auszusuchen, die eine etwas andere Körperform oder Erscheinung haben – und das lange genug tun –, dann kann auch das die Art teilen. Das spielt besonders bei der Entstehung von neuen Vogelarten eine Rolle.

---

[*] Genau wie mit Darwins Galapagosfinken oder Wallaces verschiedenen (aber ähnlich aussehenden) Säugetierfamilien.

(Die meisten der eindrucksvollen Paradiesvögel sind auf diese Art entstanden, nämlich durch wählerische Weibchen, die verschiedene Federfarben und Schwanzformen bevorzugten.) Aber wahrscheinlich passiert das bei *allen* Tieren, *einschließlich* der Menschen.

Also entwickeln sich neue Arten, weil die Tiergruppen auseinandergetrieben wurden? Sie wurden durch Flüsse, Nahrungsquellen, wählerische Weibchen oder anderes dazu veranlasst?
So könnte man das sehen, ja. Aber es gibt auch noch eine andere Möglichkeit, wie das geschehen kann. Sie können einfach immer mehr voneinander *abweichen.*

Das kann reiner Zufall sein, selbst eine Gruppe in derselben Gegend mit der gleichen Nahrung (und ohne wählerische Weibchen) kann sich zu zwei Arten entwickeln, wenn ihre Gene in unterschiedliche Richtungen mutieren. Äußerlich geschieht nichts Auffälliges, aber innerlich wirkt es fast, als ob sich Flüsse und Inseln zwischen ihren Genen bilden.

Das ist ja ein bisschen gruselig. Könnte das auch mit Menschen geschehen?
In der Vergangenheit ist das wahrscheinlich passiert. Aber heutzutage – mit ein paar Ausnahmen wie abgelegenen Stämmen im Urwald Brasiliens oder Borneos – sind wir alle viel zu sehr zusammengemischt. So unterschiedlich wir aussehen mögen, bei aller natürlichen Auslese, sind wir alle eine große, glückliche Familie.

Ahh – das ist schön.
Ja, stimmt.

Das macht mich glücklich. Nur ein Liger als Haustier würde mich noch glücklicher machen. Aber fürs Erste wird es reichen . . .

Erkenne die Hybriden

Einige dieser Tiere sind echte Hybriden, die durch die Kreuzung verschiedener Tierarten entstehen. Andere habe ich mir nur zum Spaß ausgedacht.
Kannst du erkennen, welche wozu gehören?

Schlange	+	Schnecke	=	Schlancke
Zebra	+	Esel	=	Zedonk
Falke	+	Eichhörnchen	=	Falkenhörnchen
Löwe	+	Tiger	=	Liger
Jaguar	+	Löwe	=	Jaglion
Moorhuhn	+	Eule	=	Mooreule
Yak	+	Rind	=	Dzo (auch: Yakow)
Skorpion	+	Hummel	=	Skorbummel
Zebra	+	Pferd	=	Zorse
Hase	+	Hamster	=	Haster

(Lösungen ab Seite 198)

Welches Tier hatte als erstes Augen?

Das hängt davon ab, was du mit »Augen« meinst. Einfache, Licht wahrnehmende Organe oder »Augen« wurden zu verschiedenen Zeiten von verschiedenen Tierfamilien entwickelt – und sogar von einigen Arten, die gar keine Tiere sind. Aber die erste, die etwas Ähnliches wie unsere Augen hatte, war wahrscheinlich vor über 450 Millionen Jahren eine Fischfamilie.

Augen wurden mehr als einmal entwickelt?
Ziemlich sicher.

Es gab also nicht einfach eine Tierart, die Augen hatte, und aus der entwickelten sich dann alle anderen?
Na ja, ja und nein.

Säugetiere, Vögel, Reptilien und andere Wirbeltiere haben alle eine Art von Augen, während Spinnen und Insekten eine andere Ausführung haben und Tintenfische und Kraken noch eine andere Art. All diese Augen sind ganz verschieden aufgebaut und funktionieren anders, also haben sie sich auch ziemlich sicher auf verschiedene Arten entwickelt – und wahrscheinlich auch zu unterschiedlichen Zeiten in der Geschichte der Evolution.

Und doch haben all diese Formen von Augen eine gemeinsame Wurzel in den einfachen Augenflecken oder den lichtempfindlichen (fotosensiblen) Flecken der einfachen Organismen wie den *Protisten* (einzellige Lebewesen).

Was meinst du denn damit?
Einige einzellige Organismen können Licht wahrnehmen, aber sie haben keine Augen, so wie wir sie kennen. Man könnte sagen, sie haben ganz primitive Augen oder »ein bisschen Auge«, und das nutzen sie gut.

Für was ist denn ein »bisschen Auge« gut? Bist du dann nicht immer noch blind?
Nein, bist du nicht. Du wärst *teilweise sehend*, vielleicht. Aber nicht wirklich *blind*. Das ist ein großer Unterschied.

Pass auf: Wir neigen dazu, jemanden (oder etwas) für blind zu halten, der keine Formen oder Farben sehen kann. Aber selbst ein Tier mit den einfachsten, fast unbrauchbarsten Augen kann gegenüber einem Tier ohne Augen im Vorteil sein.

Wie das? Ich meine, diese Lebewesen können ja nicht wirklich sehen, oder?
Sie sind vielleicht nicht in der Lage, viel zu sehen, aber das heißt nicht, dass sie gar nichts sehen können.

Zum Beispiel gibt es einen einzelligen Organismus namens *Euglena* (auch Augentierchen genannt), der lichtempfindliche Punkte in seinem Körper hat. Das sind kleine Bündel von Proteinen, die ihre Form verändern, wenn sie von Sonnenlicht berührt werden. Das mag sich nach nicht viel anhören, aber es erlaubt *Euglena* (das seine Energie wie die Pflanzen durch Fotosynthese gewinnt) zu erkennen, ob es sich in direktem Sonnenlicht befindet oder nicht. Ist es das nicht, bewegt es sich so lange wahllos umher, bis es wieder im Licht ist. Und wann das so ist, »weiß« es natürlich, da die Proteine der »Augenpunkte« ihre Form verändern. Im Grunde kann *Euglena* also nur eine Sache wahrnehmen – nämlich Licht –, doch das ist genug, um zu überleben.

War es dann das erste Tier mit Augen?
Also, *Euglena* ist nicht wirklich ein Tier (es ist ein Protist – anderes Reich, erinnerst du dich?). Und es hat nicht wirklich Augen, so wie wir Augen definieren würden. Plattwürmer und

Seescheiden (auch Aszidien genannt, das sind einfache Wassertiere, die am Meeresboden leben), sind schon einen Schritt weiter. Während ihres Larvenstadiums haben sie einen Fleck mit fotosensiblen Zellen, mit deren Hilfe sie erkennen, ob über ihnen ein Räuber ist, der das Sonnenlicht verdeckt, oder nicht. Wenn sie das spüren, bewegen sie sich weg und können so noch einen Tag überleben.

Ich schätze mal, das ist ziemlich praktisch. Also dann waren sie die ersten Tiere mit richtigen Augen, oder?
Das ist schwer zu sagen. Für Tiere sind sie schon mal ziemlich alt. Aber es gibt eine ganze Menge von Tieren, die vor mehr als 500 Millionen Jahren gelebt haben und heute ausgestorben sind und die möglicherweise auch schon Augen hatten. Vielleicht sogar noch komplexere. Aber da nur ein paar mickrige Fossilien von ihnen übrig geblieben sind, ist es schwer zu sagen, ob sie überhaupt Augen hatten, ganz zu schweigen davon, wie gut die waren. Sicher wissen wir, dass einige uralte Fischarten, wie Haie oder Rochen, schon vor 450 Millionen Jahren recht komplexe Augen entwickelt hatten. Also waren sie vielleicht die ersten.

Wie steht es denn mit anderen Tieren, wie Insekten?
Vielleicht haben Insekten ihre Augen vor den Fischen entwickelt, vielleicht auch nicht – das ist schwer zu sagen. Wir wissen, dass in komplexeren Tieren (dazu gehören auch Insekten, Fische und andere Wirbeltiere) der Fleck von fotosensiblen Zellen sich selbst zusammengefaltet hat, um einen Kelch oder eine Kugel zu formen. Das erlaubte es dem Tier, Schatten, Formen und

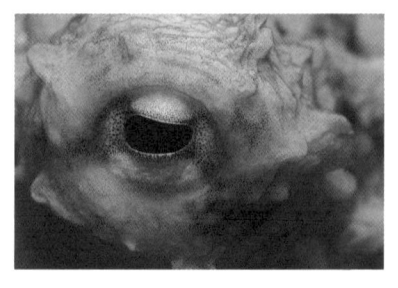

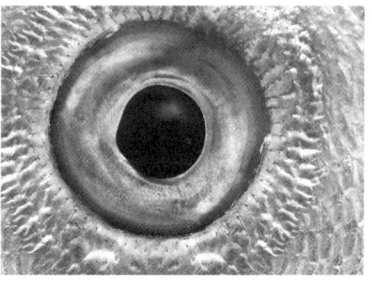

Umrisse wahrzunehmen. Spinnen und Insekten vereinen viele dieser Mini-Augenbälle zu einem Facettenauge. Das ist darauf spezialisiert, Bewegungen wahrzunehmen – einer der Gründe, warum es so schwierig ist, eine Fliege totzuschlagen. Mit einem Facettenauge kann die Fliege die zuschlagende Hand wie in Zeitlupe wahrnehmen. Um also eine zu treffen (kleiner Tipp für dich), musst du dahin zielen, wo sie *hinfliegt*, nicht wo sie *ist*. Zufälligerweise machen Vögel es genau so, um ihre Beute im Flug zu erwischen.

Bei Cephalopoden* (auch Kopffüßer genannt – also Tintenfischen, Kraken und so weiter) formen die becherförmigen Augen so etwas wie eine Lochkamera. Damit können sie nicht nur Formen erkennen, sondern auch feinere Details und Farben – und das sogar in großen Wassertiefen und unter hohem Druck.

Amphibien, Eidechsen und kleine Säugetiere sind meistens farbenblind, aber ihr komplexer, mit Flüssigkeit gefüllter Augapfel – mit verstellbaren Linsen zum Fokussieren – ist gut genug entwickelt, um die Formen und Details der jeweiligen Räuber, Beutetiere und Nahrungsquellen sogar aus einiger Entfernung zu erkennen.

---

* Cephalopod ist griechisch und bedeutet »Kopffüßer«. So nennt man sie, weil ihre Füße (oder genauer gesagt, ihre Tentakel) in einem runden Bündel aus ihrem Kopf sprießen.

Und wer hat jetzt die besten Augen von allen?
Ohne Zweifel sind das die Vögel und die höher entwickelten Säugetiere. Die zwei nach vorn gerichteten Augäpfel erlauben ihnen das Sehen in 3-D (das *räumliche* Sehen), sodass sie Tiefen und Entfernungen wahrnehmen können. Das hat es ihnen ermöglicht, schneller und beweglicher zu werden, da sie ihre Hopser, Hüpfer, Sprünge oder Schwünge besser einschätzen können. Es erlaubte ihnen auch, »durch« hohes Gras oder Bäume in Wäldern zu sehen, um die dort versteckte Beute zu finden, fast so als hätten sie Röntgenaugen.

Können das nicht alle Tiere?
Nein. Ob du's glaubst oder nicht, die meisten Tiere können das nicht und sehen stattdessen nur eine undurchdringliche Wand aus Gräsern oder Bäumen. Wir Menschen nehmen es gern für gegeben hin, dass unsere Augen (und unser Gehirn) automatisch auf verschiedene Tiefen fokussieren können.

Also sind unsere Augen ziemlich clever, nicht wahr?
Jau. Verbesserte Augen ließen Vögel und höher entwickelte Säugetiere zu den besten Jägern auf dem Planeten werden. Genau das hat vielleicht auch die Entwicklung unserer Gehirne vorangetrieben, sodass wir uns bewegen und kommunizieren und sogar auf eine Art und Weise *denken* können, wie es andere Tiere nicht schaffen.

Jetzt hab ich den Durchblick ... oder Überblick über das Auge. Oder durch das Auge?
Schau an. Und ich dachte, du willst über das Thema albern.

Das siehst du falsch. Trotz zweier Augen.
Hmmm ...

Na gut, dann werd ich ein Auge zudrücken!
Haha.

> ### Verblüffende Tieraugen
>
> - Bienen und andere Insekten können ultraviolettes Licht sehen, das für Menschen und andere Säugetiere nicht sichtbar ist.
>
> - Wanderfalken können kleine Kaninchen aus einer Entfernung von drei Kilometern erspähen.
>
> - Langnasenchimären (das sind Fische, die in Meerestiefen von 200 bis 2.600 Metern Tiefe leben) haben kleine Spiegel statt Linsen in ihren Augen. Sie nutzen diese zum Scharfsehen, fast so wie Ferngläser.
>
> - Schwertfische und einige Thunfisch- und Haiarten *erwärmen* ihre Augen mit einem hinter den Augen liegenden wärmenden Organ. Wenn sie in großer Wassertiefe auf die Jagd gehen, sehen sie dadurch immer noch besonders scharf.
>
> - Giraffen haben von allen bekannten Säugetieren die größte Sichtweite.
>
> - Das menschliche Auge kann drei Grundfarben (Rot, Grün und Blau) unterscheiden, ein Katzenauge nur zwei und die meisten Säugetiere sehen nur schwarz-weiß.

Wenn es bei der Evolution um das Überleben der besser Angepassten geht, was hat es dann mit dicken, trägen Kühen oder Faultieren auf sich?

Obwohl sie nicht besonders sportlich wirken, überleben Faultiere doch, weil sie gut an ihre Umgebung angepasst sind. Kühe hingegen wurden vom Menschen für ihr Überleben ausgewählt. Wenn wir über Evolution sprechen, dann gibt es viele Möglichkeiten, warum ein Tier »geeignet« sein kann.

Das versteh ich jetzt nicht. Wie kann denn eine Kuh für irgendwas geeignet sein? Sie sind so langsam und nicht gerade clever und die Menschen hüten sie seit Jahren und essen sie dann auch noch selbst auf. Warum haben sie sich nicht zu stärkeren, schnelleren oder klügeren Tieren entwickelt, sodass sie uns Widerstand leisten könnten?

Weil die Evolution von Kühen nicht von der Natur, sondern von den Menschen gesteuert wurde. Die Urahnen der modernen Kühe, die Auerochsen, waren deutlich magerer und angriffslustiger. Der wilde Auerochse war über 2,20 Meter hoch und wog über 1.000 kg und mit seinen Hörnern hat er immer mal wieder Leute aufgespießt. Greif einen von denen an und es ist wahrscheinlicher, dass *du* als Hackfleisch endest als anders herum. Aber Auerochsen sind inzwischen ausgestorben.

Über Tausende von Jahren wählten die Menschen immer nur die fettesten, langsamsten (und ruhigsten) Tiere jeder Generation für die Zucht aus. Das führte letztendlich zu kleineren, ungefährlicheren und entspannteren Kühen. Doch die gefährlichen, aggressiven Rinder – die zu dünn sind, als dass sie nützlich wären – sind verschwunden. Das nennt man künstliche Auslese und sie unterscheidet sich von der *natürlichen* Auslese, denn sie führt zu Tieren, die am besten einem bestimmten Zweck dienen (in dem Fall, leckeres Fleisch für uns Menschen zu liefern). Bei der natürlichen Auslese ist das einzige Ziel, dass die Tiere überleben – also gewinnen üblicherweise diejenigen, die am besten angepasst sind, und das sind in den allerseltensten Fällen die harmlosen, unsportlichen Dickerchen.

Und wie steht es mit den Faultieren? Die züchten wir ja nicht zum Essen und trotzdem haben sie sich auf natürliche Weise zu langsamen, unsportlichen Dickerchen entwickelt. Sie hängen einfach den ganzen Tag nur rum und warten darauf, gefressen zu werden.

Moment mal, normalerweise tun sie das nicht. Faultiere haben in ihren Heimatwäldern in Südamerika sehr wenige Feinde. Jaguare, Menschen, und das war es schon. Wenn wirklich mal ein Feind kommt, hängen sie einfach in den Bäumen, sehen aus wie ein moosbewachsener Ast und warten, bis er wieder geht.

Aber wenn sie sportlicher oder schneller wären, könnten sie fliehen oder sich wehren, stimmt's?

Das ist genau der Punkt – das *müssen* sie gar nicht. Ein Faultier ist perfekt an seine Umgebung angepasst, denn seine Körperform und sein Verhalten erlauben ihm sehr wohl zu überleben. Statt sich zu wehren, versteckt es sich und spart sich die Energie. Und auf diese Art überlebt es im Wald besser als viele andere aktivere Säugetiere.

Ich verstehe es immer noch nicht. Ich meine, bei den Olympischen Spielen gewinnt der Stärkste und der Schnellste alle Wettkämpfe. Also, wenn Überleben eine Art Wettbewerb ist, wäre es dann nicht immer besser, größer und stärker zu sein?
Nicht immer. Stell es dir eher wie einen Krieg vor statt wie ein Wettrennen oder einen Wettkampf. In einem echten Gefecht gewinnt nicht immer der größte, stärkste oder schnellste Soldat den Kampf. Oft ist es der Soldat mit den besseren Waffen, der besseren Technologie oder Taktik.

Aber Tiere benutzen keine Waffen, oder? Du meinst, Stöcke schwingen oder Steine werfen oder so?
Einige Affen machen auch das, ja. Aber ich spreche über richtige Waffen wie scharfe Klingen, Rüstungen für den Körper, Schusswaffen und chemische Waffen.

Was? Welche Tiere benutzen denn so was?
Viele. Die meisten Katzen, Hunde, Bären und andere Raubtiere haben scharfe, messerähnliche Eckzähne im Maul und eine Handvoll scharfer Klingen an ihren Pfoten – genau wie die vielen fleischfressenden Reptilien zur Zeit der Dinosaurier. Mit diesen Jungs sollte man sich besser nicht anlegen! Zur Gegenwehr haben Tiere wie Schildkröten oder Gürteltiere harte Panzerplatten entwickelt. Schuppentiere (auch Tannenzapfentiere genannt) – sie erinnern an auf Bäumen lebende Ameisenbären und kommen in Afrika und Asien vor – haben sogar einen Mantel aus eindrucksvollen, einander überlappenden Schuppen entwickelt. Dieser gewährt ihnen einen beweglichen Schutz. Der Neid eines jeden mittelalterlichen Ritters oder Samurai wäre ihnen sicher!

Und zum Thema Schusswaffen: Schützenfische können mit kräftigen Wasserspritzern Libellen von Zweigen herunterschießen, und zwar mit überraschender Genauigkeit. Quallen und Anemonen schießen giftgefüllte Harpunen in ihre Opfer*. Stinktiere setzen chemische Kampfstoffe ein, indem sie ihre Angreifer mit einer übel riechenden Sekret-Dusche abschrecken.

Und viele Schlangen, Spinnen und andere giftige Tiere können mit ihren tödlichen Giftzähnen ihre Opfer lähmen oder töten.

Okay, okay, ich verstehe, was du meinst. Also Tiere nutzen irgendwie schon Waffen. Aber komm, keine von ihnen haben irgendwelche Technik oder Taktiken. Ich meine, ich habe noch nie ein Eichhörnchen gesehen, dass einen Panzer steuert oder eine Eule, die einen Jagdbomber fliegt ...

Doch, doch, sie *haben* durchaus Techniken. Es mögen keine *mechanischen* Techniken sein, aber sie haben über Millionen von Jahren *biologische* Techniken entwickelt.

Tiger, Eisbären und andere Säugetiere verwandeln sich selbst in wahre »Tarnkappenbomber«, indem sie mit ihrer Fellmusterung fast mit ihrer Umgebung verschmelzen. Raupen und Gespenst- oder Stabheuschrecken sehen aus wie Äste oder Blätter, um sich so vor Vögeln zu verbergen. Chamäleons und Tintenfische wechseln ihre Tarnung, indem sie ihre Farbe binnen Minuten oder sogar sekundenschnell ändern. Im

---

* Im Kapitel »Essen Haie Quallen zum Nachtisch?« auf Seite 84 gibt's mehr dazu.

Grunde genommen stammt die Idee der militärischen Tarnung sogar in erster Linie von den Tieren.

Dasselbe gilt für Radar und Sonar. Tiere (oder eher die natürliche Auslese) sind auch darauf als Erste gekommen. Delfine und manche südostasiatische Seglerarten nutzen kurze Klicklaute, um einander zu lokalisieren – oder ihre Beute. Fledermäuse sind berühmt dafür, dass sie anhand von Ultraschallwellen in kompletter Dunkelheit Motten jagen können. Daraufhin haben sich einige Motten zusammengeschlossen und wehren sich mit grellen Sonarschreien[*]. Ziemlich eindrucksvolle Technik für Insekten.

Und was die Taktik angeht, schau dir doch nur mal ein Rudel Löwinnen an, das sich an Antilopen heranpirscht, oder ein Wolfsrudel, das Hirsche oder Rehe im Wald umkreist. Da siehst du Gruppentaktik in Aktion.

Delfine arbeiten zusammen, um Fische zu jagen, und Schimpansen locken kleine Äffchen in Fallen und Hinterhalte. Viele Ameisen, Termiten und andere Insekten bilden ganze Armeen, um Nahrung zu finden oder Angreifer abzuwehren.

Auf diese und auf viele andere Arten kann ein Tier das »fitteste« in seiner Umgebung werden, ohne automatisch das größte, stärkste oder schnellste zu sein. Jeder Soldat weiß: Zum Überleben braucht man vor allem die richtige Ausrüstung und die richtige Taktik.

Tiere untereinander haben verschiedene Taktiken, stimmt's?
Richtig.

Das erklärt einiges.
Erklärt was?

---

[*] Mehr darüber auf Seite 176 im Kapitel »Sind Fledermäuse wirklich Vampire?«.

Meine Ma hat gestern gesagt, dass meine Goldfische ein neues Becken brauchen. Vielleicht bereiten sie sich auf einen Angriff vor. Aber ich bin mir nicht sicher, ob sie schon wissen, wie ...
Stöhn.

Hahahaha.

Fit für den Kampf ums Überleben?
Verbinde jedes Tier mit seiner geheimen Waffe.

Hyäne	Körperpanzerung
Steinbock	Zähne
Warzenschwein	Tarnung
Tiger	Geweih
Fledermaus	tödliches Gift
Kobra	Hauer
Stinktier	Ultraschall
Schuppentier	chemischer Sprühnebel
Gottesanbeterin	Krallen

(Lösungen ab Seite 198)

4.
Reiche des Lebens

Wenn alle Lebewesen miteinander verwandt sind, bedeutet das, dass mein Ur-Ur-Urgroßvater ein Wurm war?
Nicht ganz. Der große »Baum des Lebens« verbindet alle Lebewesen der Welt miteinander – bis hinunter zu Fischen, Würmern, Schwämmen und Bakterien. Aber die verschiedenen Familien von Tieren liegen auf verschiedenen Ästen. Wir haben also gemeinsame Ahnen mit den Schimpansen, Mäusen und sogar Würmern und Quallen – aber wir haben uns nicht aus den Tieren entwickelt, die du jeden Tag um dich herum siehst.

Warte mal – alle Tiere, einschließlich der Menschen, sind miteinander verwandt?
Genau das wollte ich sagen.

... und bevor wir Menschen waren, waren wir mehr wie Schimpansen?
Richtig. Und davor waren wir so etwas wie Lemuren. Und *davor* etwas Spitzmausähnliches.

Okay, mein Ur-Ur-Urgroßvater war also so etwas wie eine Spitzmaus.
Na ja, ich bin mir ziemlich sicher, dass dein Ur-Ur-Urgroßvater schon ein Mensch war ...

Ach, komm schon, du weißt doch, was ich meine. Noch weiter zurück als er. So was wie mein Ur-Ur-Ur-Ur-Ur-Ur...

Okay, okay, ich versteh ja schon. Wenn du weit genug zurückgehst, findest du durchaus einen nicht menschlichen Vorfahren in deinem Stammbaum. Eigentlich musst du nur 10.000 Generationen (das sind etwa 200.000 Jahre) zurückgehen, um unseren letzten nicht menschlichen Vorfahren zu finden. Das war der menschenähnliche (also hominide) Affenmensch, den man auch als *Homo erectus* kennt. Aber du musst noch einmal sechs oder sieben Millionen Jahre zurückgehen, bis du zu einem Ahnen kommst, den wir mit den modernen Schimpansen gemeinsam haben. (Um den Namen dieses Urahnen auszusprechen, müsstest du 300.000-mal »Ur« vor »Großvater« setzen und du bräuchtest etwa anderthalb Stunden, um den vollständigen Namen auszusprechen!)

Um zu unserem letzten mausähnlichen Vorfahren zu gelangen, musst du 140 Millionen Jahre zurückgehen oder weit über sieben Millionen[*] Generationen – das war die Zeit der ersten Dinosaurier. Zu diesem Urahn müsstest du so viele »Ur« hinzufügen, dass du fast drei Monate ohne Unterbrechung bräuchtest, um *seinen* Namen auszusprechen.

Aber jetzt kommt's, weder der schimpansenhafte noch der spitzmausähnliche Urahn waren eigentliche Schimpansen oder Spitzmäuse. Zumindest nicht so, wie wir diese Arten heute kennen. Genau so, wie wir uns während der Millionen von Jahren seit diesen Ahnen weiterentwickelt haben, so taten es auch die modernen Schimpansen und Mäuse. Also ist es zwar richtig zu sagen, dass wir *affenähnliche* oder *nagetierähnliche* Ahnen haben, aber es ist nicht richtig – wie viele

---

[*] Der Umrechnungsfaktor 20 Jahre für eine Generation funktioniert eigentlich nur bei Menschen oder Hominiden. Je weiter man in der Evolution der Primaten zurückgeht, desto kürzer wird die Generationszeit. Eine Maus bekommt ja nicht erst mit 20 Jahren Nachwuchs – geschweige denn, dass sie überhaupt so lange lebt.

Menschen glauben – zu behaupten, dass unsere Ahnen Schimpansen oder Spitzmäuse waren.

Hm. Ich bin mir nicht sicher, ob ich das verstanden habe.
Ja, das ist alles ein bisschen verwirrend. Aber den Unterschied zwischen Stämmen, Ästen und Zweigen am »Baum des Lebens« zu kennen, hilft, um da Ordnung hineinzubringen. Da kommen einem dann diese Gruppierungen und Klassifikationen sehr gelegen.

Tiere in Familien, Klassen und letztendlich in Reiche zusammenzufassen, erlaubt es uns, über ganze Gruppen von Tieren auf einmal zu sprechen, die miteinander verwandt sind. Wir *können* zwar *nicht* sagen, dass unser Ur-Ur-(setze hier sieben Millionen mal »Ur« ein) Großvater eine Maus war ... aber wir *können* sagen, dass er ein nagetierähnliches Säugetier war, das in seiner Erscheinung einer modernen Maus ähnelt.

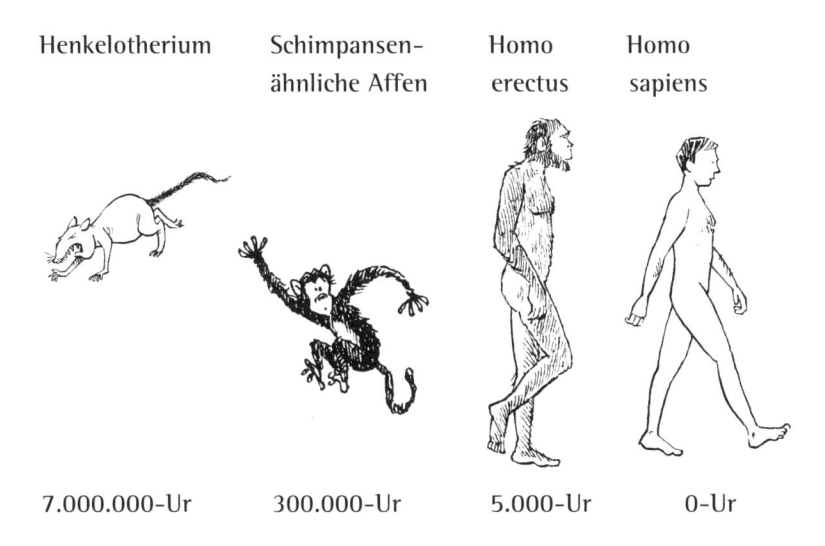

Henkelotherium	Schimpansen-ähnliche Affen	Homo erectus	Homo sapiens
7.000.000-Ur	300.000-Ur	5.000-Ur	0-Ur

Tatsächlich sah dieser nagetierähnliche Urahn – man nennt ihn auch *Henkelotherium* – eher wie ein kleines, etwa sieben Zentimeter langes Wiesel aus. Er hatte auch mehr mit den Beutelmäusen oder -ratten, die heute noch in Australien und Neuguinea leben, gemein als mit uns heutigen Menschen. Vielleicht trug er seine Jungen sogar wie die Kängurus in einem Beutel!

Also war mein Urahn ein Mini-Wiesel? Cool! Und was kam vor ihm?

Noch mal 140 Millionen Jahre vor der Zeit des *Henkelotherium* waren unsere Ahnen Reptilien. Und über 100 Millionen Jahren vor diesen waren es Amphibien und Knochenfische.

Und davor?

Vor den Fischen hatten wir Ahnen, die mehr wie die modernen Manteltiere, die man auch als Seescheiden kennt, aussahen. Das sind fleischige, röhrenförmige Tiere, die die meiste Zeit ihres Lebens am Meeresboden festhängen. Aber während ihres frühen Larvenstadiums schwimmen sie, gestärkt durch eine Art knorpeliges Stützgewebe (diese »Fast-Wirbelsäule« nennt man Notochord oder Chorda dorsalis), wie die Seewürmer. Vor ihnen waren unsere Ahnen im Wasser lebende, wurmartige Kreaturen – nicht mehr als ein Kopf, ein Hintern und eine Darmröhre umgeben von einem wabbligen Muskel. Und davor waren es schwammartige Kleckse, lebende Matten von hefeartigem, klebrigem Zeug und einsame, einzellige Bakterien.

Also, mein Ur-Ur-Uropa war gar kein Wurm, aber ich habe wurmartige Wesen in meinem Familienstammbaum?
Genau.

Und je weiter man in der Vergangenheit zurückgeht, desto haariger, fischiger und schleimiger werden unsere Ahnen?
Hm ... ja, ich glaube, das kann man so sagen.

Das macht Sinn.
Warum sagst du das?

Na, mein Opa hat ziemlich viele Haare in den Ohren ...
Ja, aber das kommt doch ...

... und manchmal stinkt sein Atem nach Fisch ...
Stopp mal, das ist doch nicht deshalb ...

... und wenn er sein neues Gebiss rausnimmt, dann ist da dieser eklige Schleim ...
Alles klar, alles klar – es reicht! Ich verstehe schon.

Aber denk daran: Gäbe es deinen Opa nicht – und all die anderen haarigen, fischigen und schleimigen Ahnen, die vor ihm lebten – dann wärest du jetzt nicht hier.

Also sei nett zu ihm.

Wenn eine Spezies den Planeten beherrschen würde, welche wäre es?

Das hängt davon ab, was du mit »beherrschen« meinst. Wahrscheinlich würden die meisten Menschen die Auffassung vertreten, dass wir Menschen die Herrscher über die Erde sind, da wir unseren Heimatplaneten so erfolgreich verändert und gezähmt haben. Aber nach allen anderen Maßstäben würden wir gegenüber Insekten, mikroskopisch kleinen Würmern und Bakterien verlieren.

Warte mal einen Moment – das kann nicht stimmen. Insekten und Bakterien? Das ist nicht das, was ich meinte.
Und was hast du gemeint?

Okay – sieh es mal so: Dinosaurier beherrschten die Welt für Millionen von Jahren, stimmt's?
Tja, irgendwie schon, ja. Dinosaurier und andere große Reptilien waren – bis vor ungefähr 65 Millionen Jahren – eine sehr »erfolgreiche« Spezies. Über 250 Millionen Jahre lang »regierten« sie mit anderen großen Tieren über Land, See und Luft. Aber ...

Genau. Ihnen gehörte der Laden. Und dann starben sie alle ...
Na ja, nicht *alle* von ihnen starben ...

Jaja, wie auch immer. Der Punkt ist doch, dass ihnen die Erde nicht länger gehörte. Also, wer hat sie nach ihnen übernommen?
Also, nachdem die größeren Dinosaurierarten langsam aussterben, hatten die Säugetiere – die schon Tausende von Jahren Seite an Seite mit den Dinosauriern gelebt hatten – endlich eine Chance, sich so richtig auszubreiten. Sie fingen klein an, aber dann wurden sie größer und größer und füllten all die Lücken, die die riesigen Reptilien hinterlassen hatten ...

Ich wusste es! Also gehört der Planet jetzt den Säugetieren. Erst waren es Mammuts und Säbelzahntiger, dann Elefanten und Löwen und Bären und Wölfe ...
Stopp mal –

... und dann kamen wir und lernten, sie alle zu jagen. Und wir bauten Bauernhöfe und Städte und Raumschiffe und ...
Langsam, langsam – jetzt mal eins nach dem anderen. Wir Menschen haben während unserer kurzen Zeit auf dem Planeten schon eine Menge angestellt. Aber das heißt nicht, dass wir den Planeten beherrschen oder gar besitzen.

Warum nicht?
Nun, lass es mich mal so sagen: Stell dir vor, die Erde wäre die Bühne für eine riesige Fernsehshow ...

Eine Show für Außerirdische oder so?
Ja – von mir aus. Alle Lebewesen auf der Erde sind Teilnehmer und nach ein paar Milliarden Jahren kehren die Außerirdischen zurück und wählen einen Gewinner. Doch es ist sehr unwahrscheinlich, dass sie sich im Finale für die Menschen entscheiden. Oder überhaupt ein Säugetier. Und zwar deshalb, weil wir in all unserer Vollendung nur eine Spezies mit ungefähr sieben Milliarden Mitgliedern sind. Das klingt zwar sehr

eindrucksvoll, aber nur bis du merkst, dass uns andere Tiere, wie die Arthropoden (auf Deutsch Gliederfüßer, also Insekten, Spinnentiere, Krebstiere und so) Billionen zu eins überflügeln. Im Grunde sind 90 % aller Tierarten Arthropoden. Und da sich diese Arten ungleich schneller als die Säugetiere vermehren, sind sie uns kümmerlichen, langsam aufwachsenden Säugetieren zahlenmäßig weit überlegen. Die Experten unter den Entomologen (das sind jene Biologen, die Insekten studieren) gehen davon aus, dass es über 100.000 Billionen Ameisen auf der Welt gibt – also sind uns *allein die Ameisen* 20 Millionen zu eins überlegen!

Und das ist noch nicht alles. Wenn du über das Reich der Tiere hinausgehst, sind die Pflanzen den Tieren zahlenmäßig weit überlegen. Stell dir vor, du würdest jeden Baum, jeden Busch, jede Blume und jeden Grashalm zählen. Und zähle nun noch all die vielen Tausend Wasserpflanzenarten, die sich unter dem Meeresspiegel versteckt halten. Du kannst dir sicher schon denken, dass die Zahlen schnell sehr, sehr groß werden. Und selbst ohne genau zu zählen, wissen wir doch, dass die Anzahl der Pflanzen die Zahl der großen, fleischfressenden Tiere wie Menschen oder Säbelzahntiger* bei Weitem übersteigt.

Und woher können wir das alles so genau sagen?

Dank einer Faustregel der Biologie für die Nahrungsketten. Die allgemeine Regel ist, dass bei jedem Schritt in der Nahrungskette etwa 90 % der Energie verloren gehen. Also braucht es zehnmal das Gewicht eines Pflanzenfressers (Tiere, die nur Grünzeug fressen), um das gleiche Gewicht eines Raubtiers (also eines Fleischfressers) zu unterstützen. Also braucht es zehnmal das Gewicht eines Löwen (in Antilopen) oder zehnmal das Ge-

---

* Natürlich ist die Zahl der Säbelzahntiger heute null, schließlich sind sie ausgestorben. Außer du zählst Überreste an Knochen, die man noch in den Museen überall auf der Welt findet, dazu. Und leider würde auch das nicht viel hermachen.

wicht eines Haies (in kleinen Fischen), damit diese Raubtiere überleben können.

Also . . .

Nun brauchen diese Pflanzenfresser natürlich auch was zu fressen. Da 90 % der Energie der Pflanzen, die sie fressen (entweder auf dem Land oder im Wasser wachsend), wieder verloren gehen, werden mindestens zehnmal so viele Pflanzen (nach Gewicht) wie Pflanzenfresser benötigt. Das bedeutet nun wiederum, dass jeder Fleischfresser mindestens das 100-Fache seines eigenen Gewichtes in Pflanzen am Ende der Nahrungskette braucht. Und wenn man noch mehr Fleischfresser in der Mitte ergänzt – wie in dem berühmten Bild von dem kleinen Fisch, der verschluckt wird und dem eine Kette immer größer werdender Fische folgt – dann hat man noch mehr Zwischenstufen in der Nahrungskette. Und da es für jeden Schritt nach unten zehnmal so viel Energie und Material bedarf, braucht ein großer Fleischfresser (wie ein Braunbär oder ein großer weißer Hai) über 1.000-mal seines eigenen Gewichts in Pflanzen. Folglich bedarf es zweifellos 100- bis 1.000-mal mehr Pflanzen, als es Tiere auf der Welt gibt.

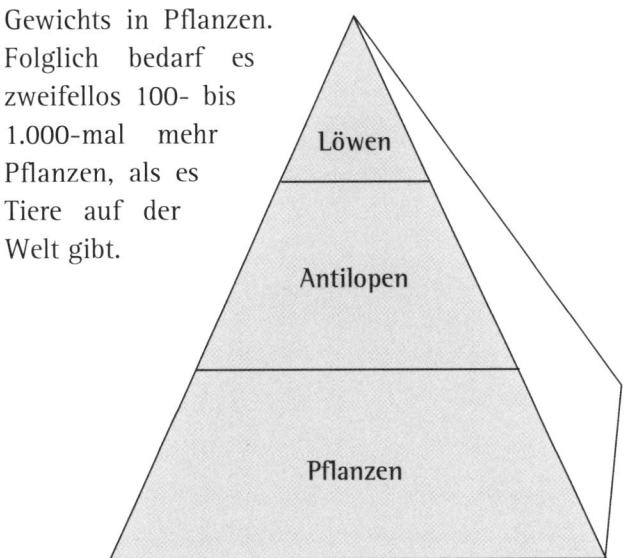

Also . . . beherrschen Pflanzen die Welt?

Vielleicht. Sie haben auf jeden Fall mehr Anspruch darauf als die Säugetiere. Aber um die Spezies der wahren Gewinner zu finden, müssen wir mikroskopisch klein werden. Einige mikroskopisch kleine Tiere, wie einige Fadenwürmer, sind vielleicht sogar noch zahlreicher als die Pflanzen vertreten, wenn man sie einzeln zählt[*]. Protisten – einzellige Organismen, die größer und mobiler als die Bakterien sind – gibt es sogar noch zahlreicher. Krankheiten verursachende Protisten wie das *Plasmodium* (wozu die Malaria-Erreger gehören) und *Giardien* (nimmt man die mit Nahrung oder Wasser zu sich, gibt es heftigen Durchfall) leben *in* den Körpern der meisten Tiere – und zwar üblicherweise zu Tausenden. Und das gerade mal in *einem* Säugetier, Vogel oder Insekt!

Wow! Das sind ja ziemlich viele Bazillen im Bauch.

Aber der wahre Gewinner wären die Bakterien und ihre uralten Verwandten, die *Archae*. Ganz gleich, ob du nach dem Motto »die meisten Arten auf der Erde«, »größter Bestand auf dem Planeten« oder sogar à la »Wer's findet, dem gehört's« nachzählen würdest, Bakterien und Archae würden mit links gewinnen. Diese zähen, einzelligen Organismen mögen schlicht wirken, aber sie leben praktisch *überall* auf der Erde – an Orten, an denen Tiere noch nicht einmal hoffen könnten, für längere Zeit zu überleben. Nicht nur in Wüsten, Wäldern, Seen und tiefen Ozeanen, sondern auch im Inneren von Gesteinen, kochend heißen Geysiren und Tiefseeschloten, sogenannten »Black Smokers« und in Schichten von Gletschereis. Und, das ist das Wichtigste überhaupt, sie waren die Allerersten auf der Erde. Sie beherrschen die Erde über zwei Milliarden Jahre, bevor irgendetwas anderes entstand. Sie sind immer noch weitverbrei-

---

[*] Mehr Informationen darüber findest du im Kapitel »Wie atmen Würmer unter der Erde?« auf Seite 90.

tet. Und sie werden sicherlich auch noch da sein, wenn es uns (und viele andere Arten) nicht mehr gibt. Gäbe es auf der Erde einen Wettbewerb »Wer's findet, dem gehört's«, würden sie den mit Sicherheit gewinnen und die Erde für immer beherrschen.

Ich glaub es nicht! Wir alle. Werden. Von. Bazillen. Beherrscht. Pah.
Sieh es doch mal positiv. Zumindest sind sie nicht clever genug, um von uns Miete zu verlangen.

Versuch das mal!

Eine komplette Geschichte des Lebens, am eigenen Körper erforscht.

- Breite deine Arme aus, so weit du kannst, und strecke auch deine Hände und Finger aus.
- Stell dir nun vor, dass deine Armspanne eine Zeitlinie darstellt – die komplette Geschichte des Planeten Erde. Sie begann vor 4,6 Milliarden Jahren an der Fingerspitze des Mittelfingers deiner linken Hand. Von da an geht es weiter nach rechts, entlang deines linkes Arms, über deinen Körper, über deinen rechten Arm bis zur Fingerspitze des Mittelfingers deiner rechten Hand, das ist der heutige Tag.
- Von der Fingerspitze deines linken Mittelfingers bis zum linken Ellbogen sind es ungefähr eine Milliarde Jahre. In dieser Zeit gab es nichts weiter als Steine, Flüssigkeiten und Gase auf der Erde.
- Von deinem linken Ellbogen (das war vor 3,6 Milliarden Jahren) bis zu deinem rechten Ellbogen (vor ungefähr einer Milliarde Jahren) gab es nichts weiter als einzellige Bakterien und Protisten. Während dieser Zeit beherrschten sie ganz allein die Erde.

- In der Zeit zwischen deinem rechten Ellbogen und deiner rechten Handfläche erschienen die ersten mehrzelligen Lebensformen (wie z. B. Schwämme).
- Zwischen deinem Handballen (vor etwa 600 Millionen Jahren) und dem Ansatz deiner Finger (vor etwa 200 Millionen Jahren) entwickelten sich einfache Meeresorganismen wie Quallen oder Korallen zu komplexen Arthropoden (Gliederfüßern), Fischen, Amphibien und Reptilien – und irgendwann auch zu Dinosauriern.
- Die Dinosaurier regierten die Erde während der gesamten Zeit von deinem Fingeransatz bis zum letzen Knöchel deines Mittelfingers (vor ungefähr 50 Millionen Jahren). Von da bis zur Spitze deines Fingernagels entwickelten sich die Säugetiere, zunächst von kleinen, wieselähnlichen Wesen bis hin zu höher entwickelten Säugetieren wie den Menschenaffen oder den frühen Menschen.
- Die gesamte Geschichte der Menschheit, von unseren Höhlenmenschen-Vorfahren, über das antike Griechenland und Rom, das Mittelalter, die Kolonisation von Amerika und der Neuen Welt durch Europa, die Napoleonischen Kriege, die beiden Weltkriege, das Zeitalter der Raumfahrt, das Zeitalter des Internets und das neue Jahrtausend ...

... all das, *die gesamte Menschheitsgeschichte* auf unserer Armskala, könnte durch *einen einzigen Strich* mit der Nagelfeile über die Spitze deines rechten Mittelfingernagels entfernt werden.

Das bringt dich zum Nachdenken, nicht wahr?

Einfache, einzellige Bakterien beherrschen die Welt beinahe während ihres gesamten Bestehens. Und wir Menschen sind noch gar nicht so lange da ...

Warum sind Bäume und Pflanzen grün, während Pilze weiß, braun oder rot sind?

Weil Pilze keine Pflanzen sind. Sie sind noch nicht einmal besonders mit den Pflanzen verwandt. Sie haben ihr eigenes Lebensreich – die Fungi – und sie sind eigentlich engere Cousins von uns Tieren!

Was? Ach, komm schon. Du erwartest jetzt nicht, dass ich das glaube.
Dass du was glaubst?

Dass die Pilze Tiere sind. Ich meine, wann hat das letzte Mal ein Pilz jemanden gefressen? Schleichen sie etwa durch den Wald und lauern Mäusen und Kaninchen auf, wenn die gerade nicht hingucken? Du willst mich doch nur veräppeln.
Will ich nicht. Ehrlich! Obwohl sie einige äußere Merkmale mit beiden teilen, sind die Fungi tatsächlich eher mit den Tieren als mit den Pflanzen verwandt. Es stimmt natürlich, dass sie – genau wie die Bäume und Blumen – während ihres Lebens an einem Ort verharren. Aber das, was sie *tun*, während sie dort sitzen, unterscheidet sie von den Pflanzen ... und macht sie primitiven Tieren ähnlicher.

Und was ist das?
Kurz gesagt, sie sind Verbraucher, keine Erzeuger. Eher Konsumenten als Produzenten. Sie beziehen ihre Nahrung und ihre Energie auf anderem Wege.

Pflanzen versorgen sich im Grunde selbst. Sie verwenden eine grüne Chemikalie namens Chlorophyll, um Energie aus Sonnenlicht zu gewinnen. Mit dieser Energie verwandeln sie Wasser und Kohlendioxid aus der Erde und der Luft um sie herum in Traubenzucker und Sauerstoff. Das ist sehr nett von ihnen, denn ohne diesen Prozess – den man Fotosynthese nennt – hätten wir keinen Sauerstoff zum Atmen. Milliarden von Jahren bevor wir daherkamen, verwandelte die Fotosynthese von Pflanzen, Bakterien und Protisten die Atmosphäre der Erde von einem dunstigen Schleier aus giftigen Kohlendioxiden zu sauerstoffreicher Luft, die Tiere atmen konnten. Pflanzen und Bakterien, die zur Fotosynthese fähig sind und sich auf diese Art selbst versorgen können, haben auch einen eigenen biologischen Namen – man nennt sie *autotroph* (das bedeutet »sich selbst ernährend«). Und wir verdanken den Autotrophen viel. Und zwar richtig viel.

Und warum sind Pilze jetzt anders?
Pilze, Giftpilze und alle anderen Arten von Fungi führen keine Fotosynthese durch. Absolut nicht. Wie die Tiere sind sie *heterotroph* (das heißt »sich von anderen ernährend«). Sie ernähren sich von dem Zucker, den Pflanzen und andere sich selbst versorgende Wesen zuvorkommenderweise herstellen.

Und warum können sie sich nicht selbst ernähren, so wie die Pflanzen?
Sie haben sich nicht so entwickelt. Anders als Pflanzen können sie keine Fotosynthese durchführen – ihnen fehlt dazu das grüne Chlorophyll. (Im Übrigen ist das auch der Grund, warum Pilze in der Regel nicht grün sind wie Pflanzen.) Stattdessen ernähren sie sich von pflanzlichen und tierischen Abfallprodukten oder von toten, sich zersetzenden Körpern.

Sie essen tote, verrottende Körper und Kacke? Na iiiih!
Sehr oft, ja. (Ich schätze, du wirst die Pilze in deiner Gemüsepfanne jetzt nicht mehr mit denselben Augen ansehen wie früher, was?) Aber meistens ernähren sich Pilze von abgefallenen Blättern, die um die Wurzeln der Bäume herumliegen, oder sie hängen sich an lebende Bäume.

Tut das dem Baum nicht weh?
Manchmal, ja. Einige Pilze sind Parasiten, die die Pflanze, auf der sie wachsen, schädigen oder sogar töten. Aus diesem Grund investieren Bauern und Gärtner jedes Jahr Milliarden von Euro in Antipilz-Sprays und Bodenhilfsstoffe. Andere Pilze bilden eine Art freundschaftlicher Partnerschaft, die man *Symbiose* nennt. Einige befestigen sich selbst an Wurzeln und strecken dann Fäden wie Finger in die umgebende Erde, um Wasser und Nährstoffe aufzunehmen. Der Pilz gibt das dann an die wachsende Pflanze weiter, die sich mit zuckerhaltiger Nahrung und Mineralen erkenntlich zeigt.

Und falls du schon einmal schimmelig aussehende rote, orange oder gelbe Flecken auf nackten Felsen gesehen hast, dann hast du eine weitere Form von Symbiose entdeckt. Das sind Flechten, Partnerschaften zwischen einem Pilz und einer Kolonie von Bakterien oder Algen. Der Pilz ernährt sich wieder von dem Zucker, den die autotrophen (sich selbst ernährenden) Bakterien oder Algen zur Verfügung stellen, während sie durch den Pilzkörper davor bewahrt werden, Wasser zu verlieren oder auszutrocknen. So können Flechten auch an trockenen, unwirtlichen Orten (wie Felsen und Wüsten) überleben, wo es keine anderen Pflanzen gibt.

Okay, also Pilze sehen aus wie Pflanzen, aber sie verhalten sich mehr wie Tiere?
Richtig. Genau wie Delfine und Affen haben Pflanzen und Pilze einen gemeinsamen Urahn, aber sie sind bei Weitem nicht dasselbe. Und genau wie Affen näher mit den Menschen als mit den Delfinen verwandt sind, haben genaue Untersuchungen der DNA von Pflanzen und Fungi ergeben, dass die Fungi näher mit den Tieren als den Pflanzen verwandt sind.

Was für mich keine Überraschung ist.

Warum denn nicht?
Ich hab mich immer für einen echten Champion gehalten.
  Champion – Champignon – Pilz. Alles klar?

Sehr witzig.
Sorry.

Bist ein richtiger Scherzpilz . . .
. . . und ein Glückspilz noch dazu!

Stöhn.
Hahahahaha.

Gibt es ein Tier, das sich vermehrt, wenn man es zerschneidet?

Ja! Obwohl es sehr selten ist, sind mindestens zwei Tierarten dazu in der Lage. Aber die allermeisten Tiere sterben, wenn man sie zerschneidet. Viele Reptilien, Amphibien, Spinnen und Insekten überleben es jedoch, wenn sie Teile ihres Körpers verlieren. Und unter den einfacheren Tierfamilien gibt es einige, denen das Zerteilen fast gar nichts ausmacht.

Zerschneidet man also eine Eidechse, erhält man zwei Eidechsen?
Äh... nein, das hat man mit Sicherheit nicht. Einige Echsen überleben es, wenn sie Gliedmaßen verlieren (aber es macht ihnen mit Sicherheit keinen Spaß, probier es also bloß nicht aus!). Und einige legen so wenig Wert auf ihren Schwanz, dass sie Angreifern lieber erlauben, ihn abzubeißen, und so entkommen, als ganz gefressen zu werden. Aber so bekommt man keine zwei Echsen. Es bleibt bei einer Echse, die zwar sehr erleichtert ist, noch einmal davongekommen zu sein, aber sie hat eine Gliedmaße oder den Schwanz für immer verloren[*].

Und wie steht es mit Schlangen?
Ganz gleich, was du schon gehört haben magst, Schlangen sterben, wenn man sie halbiert, und leben nicht in zwei Hälften weiter. Je nachdem, wo man sie zerschneidet, können es

---
[*] Zum Glück wächst bei den meisten Echsenarten der Schwanz wieder nach. Vermutlich ist das aber kein Vergnügen für sie, denn der neue Schwanz ist plumper. Außerdem können sie das auch nur wenige Male machen, bevor sie völlig schwanzlos enden.

einige Schlangen überleben, wenn sie einen guten Teil ihres Körpers verlieren (fast bis zur Hälfte). Aber dass beide Hälften überleben, ist ausgeschlossen. Maximal die Hälfte mit dem Kopf überlebt, während die andere stirbt.

Wächst das verlorene Stück nach?
Manchmal, ja. Obwohl Schlangen nicht die verlorene Körperlänge regenerieren (also nachwachsen lassen) können. Viele Echsen sind in der Lage, Gliedmaßen und Schwänze aus den Stümpfen neu wachsen zu lassen. Das funktioniert fast auf dieselbe Art, wie Tierembryonen im Ei oder im Bauch der Mutter Arme, Beine oder Schwänze wachsen. Einige Frösche, Molche oder Spinnen können ebenfalls manche Körperteile neu bilden. Aber keines dieser Tiere überlebt es, in *mehrere* Teile zerschnitten zu werden oder gar den ganzen Kopf zu verlieren. Erst unter den Seesternen, Würmern oder Schwämmen findet man Tiere, die ihren ganzen Körper aus einzelnen, übrig gebliebenen Teilen neu bilden können.

Warum ist das so?
Das hängt alles vom Gehirn ab. Komplexe Tiere wie Säugetiere, Reptilien, Amphibien und Insekten haben in ihrem Kopf eine große Anhäufung von Nervenzellen (oder Nervengewebe), die wir Gehirn nennen. Selbst bei so einfachen Tieren wie Echsen oder Spinnen kontrolliert das Gehirn wichtige Funktionen wie den Atem oder die Blutzirkulation. Anders als auf Knochen oder Muskeln kann auf das Gehirn nicht verzichtet werden und es ist auch nur sehr schwer zu ersetzen. Selbst die talentiertesten Regeneratoren unter den Reptilien, die verlorenes Gewebe schnell nachwachsen lassen können, können die Nervenzellen, die alles steuern, nicht einfach erneuern. Denn vorher ist der Rest des Körpers gestorben – weil ihm die Blutzufuhr und der Sauerstoff fehlen.

Und warum gelingt es dann Würmern, Seesternen oder Schwämmen?

Zum einen weil sie mehr Kraft zum Regenieren haben, zum anderen weil sie weniger von ihrem Gehirn abhängig sind. Würmer und Seesterne haben gar kein Gehirn als solches, sie haben nur kleine Nervenbündel, die die Körperfunktionen auf eine viel einfachere Art und Weise kontrollieren. Schneidet man einem Seestern einen Arm ab, vorausgesetzt da ist noch ein gutes Stück vom in der Mitte liegenden Nervenring dran, dann kann aus dieser einen Gliedmaße unter Umständen ein neuer Seestern wachsen.

Wow! Cool!

Aber noch einmal: Geh bitte nicht an den Strand und probiere es aus! Es macht ihnen wirklich keinen Spaß und viele Seesternarten sterben auch einfach nur davon. Glaub mir also bitte.

Okay. Und wie ist es nun mit den Würmern?

Würmer kriegen es sogar noch besser hin. Da ihr Körper noch einfacher aufgebaut ist, können sich viele Arten von Plattwürmern aus abgetrennten Körperteilen neu bilden – seien es der Kopf, der Schwanz oder das Mittelteil –, solange *etwas* Nervengewebe erhalten geblieben ist. Strudelwürmer können sogar längs oder quer zerschnitten werden und aus jeder Hälfte kann ein neuer Wurm entstehen. Einige können sogar in mehrere Teile zerschnitten werden und jeder Teil wächst wieder zu einem lebenden Wurm heran. Das wäre, als würden wir unseren Kopf und all unsere Gliedmaßen verlieren, und sie würden von der Wirbelsäule wieder herauswachsen.

Huh! Das ist ja unheimlich!

Doch wahrscheinlich geht der Preis für die beste Regeneration an die Schwämme. Schwämme sind die einfachsten Tiere, die es gibt – sie sind praktisch nicht mehr als ein paar miteinander kommunizierende Zellen, die sich um ein sandiges oder kalkiges Skelett bilden. Ihre Körper können formlose Kleckse oder einfache Röhren sein. Sie absorbieren Nährstoffe und Sauerstoff aus dem sie umgebenden Wasser und transportieren sie mithilfe einfacher Pumpen und Kanäle zwischen den kommunizierenden Zellen durch den Körper.

Doch das ausgewachsene Tier bewegt sich nie. Sein ganzes Leben lang sitzt es einfach nur am Meeresboden. Für ihre Vermehrung haben Schwämme verschiedene Möglichkeiten. Besonders spannend ist die ungeschlechtliche Fortpflanzung (Knospung), wobei Zellverbände an der Körperoberfläche abgeschnürt werden, die sich dann an anderen Stellen am Meeresboden ansiedeln und neue Tiere bilden. Aber es gibt noch eine coole Sache: Wird ein Schwamm durch den Mixer gejagt, die Teile durch einen Filter gesiebt und anschließend in ein Reagenzglas oder Wasserbecken gegeben – rate mal, was dann passiert? Ja! Der Schwamm wird sich spontan wieder zusammensetzen, als ob er ein unzerstörbarer außerirdischer Zombie wäre.

Cool! Könnten wir das nicht auch mal lernen?

Unglücklicherweise würden Menschen niemals die »Mixer-Behandlung« überleben, weil unsere Körper viel zu spezialisiert sind. Selbst Würmer sind dafür noch zu komplex. Wissenschaftler untersuchen Seesterne, Salamander und andere sich regenerierende Tiere, um herauszufinden, wie man Muskeln, Knochen und Nervengewebe nachwachsen lassen kann. Sie hoffen, dass sie eines Tages herausfinden, wie die das genau machen. Dann könnte es ein Arzneimittel geben, das ein uraltes und tief in unserer DNA verborgenes Gen anregt, welches verletzte Gliedmaßen, Organe und unser Gehirn dazu bringt, sich selbst durch Regeneration zu reparieren.

Das wäre genial!

In der Tat. Aber bis ihnen das gelingt, würde ich alles, was dazu führen könnte, dass ich eine Gliedmaße verliere, unterlassen. Wie zum Beispiel mit Samurai-Schwertern herumspielen. Oder in Mixer springen.

Essen Haie Quallen zum Nachtisch?

Nein, das tun sie nicht. Obwohl einige Schildkröten durchaus Quallen fressen, halten sich Haie und andere Fische da eher zurück, da es sich anfühlt, als würde man einen schleimigen, stechenden Brennnesselsalat mampfen.

Aua. Das hört sich nicht besonders lecker an.

Nicht im Geringsten. Pech für die Haie – Quallen gibt es eben nicht mit Zitronen- oder Erdbeergeschmack. Obwohl, genau genommen, selbst wenn es sie in dieser Form gäbe, wäre es immer noch nicht raus, ob sie Haien dann schmecken würden. Wahrscheinlich würden sie Robbengeschmack oder vielleicht auch das Bein eines Surfers bevorzugen.[*] Jedenfalls schmecken Quallen ziemlich schrecklich. Außer natürlich, sie wurden von einem gerissenen Koch[**] ausgenommen und zubereitet, denn die meisten Quallen haben sich eine ziemlich boshafte Verteidigungsstrategie zugelegt, um nicht gegessen zu werden.

Meinst du die Nesseln?

Genau. Die Nesseln, oder genauer gesagt die Nesselzellen. Die Quallen gehören zu einer Klasse von Tieren, die man *Cnidaria* (auf Deutsch: Nesseltiere) nennt – das Wort stammt von dem griechischen Wort für »Nesseln«. (Siehst du! Sie sind wirklich so etwas wie lebendiger Brennnesselsalat!)

Alle Cnidaria haben Tausende von piksenden Nesselzellen (oder Cnidocyten), meist sind diese an der Oberfläche ihrer Tentakel, die sie hinter sich herwedeln lassen. Und im Inneren einer jeden Nessel ist eine mikroskopisch kleine, mit Gift gefüllte Harpune.

---

[*] Natürlich ist das nur ein Witz. Haie mögen Robben durchaus, doch Surfer eher weniger. Meistens beißen sie diese nur aus Versehen, weil sie sie mit Robben oder Schildkröten verwechselt haben. Das kannst du in meinem »*Panik-Buch*« nachlesen.

[**] Und selbst dann schmecken sie noch ganz schrecklich. Glaub mir, ich habe sie mal in Japan probiert. (Bäääh!)

Einen Tentakel zu berühren (oder ganz sanft an ihm entlangzustreichen) reicht, um die Waffe auszulösen. Mit unglaublicher Geschwindigkeit schießen die Harpunen wie wasserbetriebene Hochdruckraketen aus der Zelle heraus. Einmal im Ziel gelandet, klemmt sich jede Harpune wie ein Pfeil mit Widerhaken im Fleisch fest und setzt ihr Gift in die umgebenden Nervenzellen und den Blutkreislauf frei. Mit diesen Mikro-Harpunen können die Nesseltiere Insekten, Fische – und manchmal sogar Menschen – lähmen oder gar töten. Einige Schildkröten sind dagegen immun. Deshalb können sie – und auch nur sie – sich überhaupt die Mühe machen, Quallen zu fressen.

Ich werd verrückt! Na, das hört sich ja mal ausgeklügelt an. Nie hätte ich gedacht, dass Quallen so clever sind. Ich meinte immer, das sind nur glibberige hirnlose Kleckse, die im Meer treiben.

Na ja, irgendwie sind sie das ja auch. Quallen und anderen Nesseltieren fehlt alles, was irgendwie einem echten Gehirn ähnelt. Und den meisten reicht es auch völlig, einfach nur in der Meeresströmung zu treiben und ihre Opfer sowie ihre Fortpflanzungspartner zu finden – alles, was sie tun, ist, ihre Schwimmhöhe durch das Zusammenziehen ihrer weichen, sich kräuselnden Muskeln zu kontrollieren. Aber aus vielen Gründen sind sie dennoch einmalige und faszinierende Tiere.

Wieso das denn?

Also erstens durchlaufen viele Nesseltiere (nicht nur Quallen, sondern auch Seeanemonen, Korallen und Süßwasserpolypen) eine Art Metamorphose. Ihre Körper können ein oder zwei Hauptformen haben. Die erste Form nennt man Polypenform und sie sieht ein wenig wie eine Blume oder eine umgedrehte Saugglocke fürs Klo aus. Anemonen und Korallen behalten diese Form während ihres gesamten Erwachsenenlebens, sie hängen kopfüber auf Steinen oder stehen am Meeresboden und lassen ihre giftigen Tentakel im Wasser über sich schwimmen. Wenn sie sich vermehren, trennt sich ein Teil von ihnen ab und schwimmt woandershin.

Bei einigen Arten behalten diese Babyanemonen oder Korallen die Form der Polypen bei. Doch andere Nesseltierarten ändern ihre Gestalt – sie nehmen die Medusenform an. Meistens passiert das durch Knospung. Der Polyp schnürt Zellen ab, die sich zur Meduse entwickeln. Diese sieht ziemlich so aus, wie du dir eine Qualle vorstellst, nämlich wie ein durchsichtiger Regenschirm ohne Griff. Diese Medusenform schwimmt dann umher, um sich mit anderen zu vermehren, sodass eine weitere Anemone oder ein Korallenpolyp entsteht.

Quallen wiederum machen es genau andersherum. Sie verbringen ihr gesamtes Erwachsenenleben in der Regenschirmform, dann legen sie Eier, die sich zu kleinen Baby-Polypen entwickeln. Diese bleiben am Meeresboden, bis sie erwachsen sind, dann nehmen sie die Medusenform an, welche zu einer ausgewachsenen Qualle wird.

Okay, jetzt wird es ziemlich verwirrend . . .
Und es wird noch besser. Nesseltiere gehören zu den wenigen Tieren mit einer radialen (das heißt radförmigen) Symmetrie. Die meisten Tiere (Menschen eingeschlossen) sind auf einer

Seitenachse symmetrisch – würdest du also einen Spiegel senkrecht an die Mitte unserer Körper halten, würden wir auf beiden Seiten mehr oder weniger gleich aussehen. Zwei Augen, zwei Ohren, zwei Lungenflügel, zwei Arme, zwei Beine – jedes Teil eines Paares hat ungefähr die gleiche Grundform und Größe. Doch bei Quallen könntest du den Spiegel in *jedem beliebigen Winkel* senkrecht durch den Körper halten und sie würden auf beiden Seiten gleich aussehen – wie ein Rad oder ein großer, runder Geburtstagskuchen.

Deshalb fehlt ihnen auch ein festes Gehirn. Da sie von *allen* Seiten gleich aussehen, können sie auch Nahrung oder Angreifern von *allen* Seiten begegnen. Also gibt es auch gar keinen Grund, ein »Kopfende« mit einem Gehirn zu entwickeln. Stattdessen haben sie einen Ring von Nerven, der ihren ganzen schirmförmigen Körper umgibt und ein neurales Netz zur Grundsteuerung der Körperfunktionen bildet.

Giftige, schwimmende Geburtstagskuchen. Wie gruselig.
Und zum Schluss – als Krönung ihrer Merkwürdigkeit – fehlt Quallen und Anemonen auch der Darm. Sie essen und kacken durch dasselbe Loch.

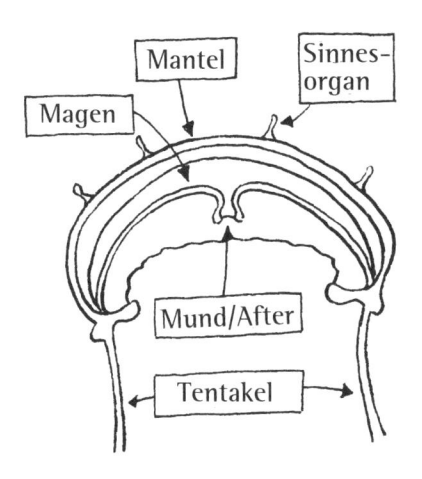

Igitt! Ernsthaft?
Ernsthaft. Die Pechvögel, die in ihr Maul hineinschwimmen, also in den Raum unter ihrem schirmartigen Mantel, werden verdaut und durch die Mitte in den röhrenförmigen, mundartigen Kolben, der herausragt (oder herunterhängt), gezogen. Alle unverdauten Teile werden dann durch dieselbe Öffnung wieder ausgespuckt (oder ausgekackt, je nachdem, wie du es siehst).

Ekelhaft. Könnten Quallen auch einen Menschen vertilgen?
Nein. Zum Glück werden sie nicht groß (oder hungrig) genug, um das zu tun. Obwohl einige Nesseltiere (wie zum Beispiel die Feuerkorallen, Würfelquallen oder Seewespen – siehe auch den Kasten auf der nächsten Seite) für Schwimmer oder Taucher gefährlich sein können, sind die meisten nicht mehr als eine Belästigung. Was ein ziemliches Glück ist, denn durch den Anstieg der Meerestemperaturen aufgrund der globalen Erwärmung nehmen die Quallen ständig zu. Schon jetzt müssen einige Strände in Europa und Australien jedes Jahr aufgrund von Quallenschwärmen geschlossen werden.

Kein Problem. Ich habe einen Plan, wie wir damit fertig werden.
Ja, wie denn?

Wir schwimmen einfach hungrigen Schildkröten hinterher!

Kenne deine Quallen: Fakten über Nesseltiere

Nur wenige Quallenarten, wie Würfelquallen, Seewespen oder die Portugiesische Galeere haben Nesseln, die stark genug sind, um Menschen zu verletzen. Würfelquallen können so schmerzhafte Stiche verursachen, dass sie bei ihren Opfern spontane Herzanfälle auslösen.

Clownfische – berühmt geworden durch den Film »*Findet Nemo*« – sind immun gegen Anemonenstiche und bauen ihre Nester zwischen deren piksenden Tentakeln, um so vor größeren Fischen sicher zu sein.

Einsiedlerkrebse gehen sogar noch einen Schritt weiter. Sie platzieren voller Absicht Seeanemonen auf ihrem Panzer und bauen sich so eine bewaffnete, mobile Festung, um sich gefräßige Fische vom Leib zu halten und Tintenfischangriffe abzuwehren.

Wie atmen Würmer unter der Erde?

Sie atmen durch ihre Haut. Einfache, kleine Tiere brauchen nicht so viel Sauerstoff wie die großen, komplexen. Sie nehmen die ganze Luft, die sie brauchen, allein durch ihre Körperoberfläche auf. Es ist ein bisschen so, als ob du deine Lungen nach außen krempeln und wie einen Taucheranzug tragen würdest.

Igitt! Einen tragbaren Lungenanzug. Widerlich! Ich habe mir ja schon immer gedacht, dass Würmer eklig sind. Jetzt weiß ich es. Ist das auch der Grund, warum sie so schleimig sind?
Ja, zum Teil. Denk dran, Würmer sind zunächst im Meer entstanden, wo sie sich nie darum sorgen mussten auszutrocknen. Der Sauerstoff konnte sich einfach in ihrem Körper ausbreiten (oder diffundieren). Doch als sie aus dem Wasser heraus und an die Luft kamen, mussten sie einen Weg finden, um sowohl feucht zu bleiben als auch den Sauerstoff aus der Umgebung aufzunehmen. Also sonderten sie eine dünne Schicht Schleim über ihre Haut ab, die das Wasser am Verdunsten hindert, während ihr Körper den Sauerstoff aufnimmt.

Auf diese Weise können Würmer nicht nur im Wasser und unter der Erde überleben, sondern auch im Körper von anderen Tieren, nämlich in deren Blutgefäßen und Organen.

Igitt! Wie bei Katzen und Hunden, wenn sie Würmer haben?
Ja, aber auch in so ziemlich jeder anderen Tierart auf unserem Planeten. Einschließlich dem Menschen.

Unmöglich! Ich habe doch keine Würmer!
Ich befürchte schon. Wenn vielleicht nicht so einen großen wie den Bandwurm oder den Hakenwurm, aber ganz sicher haben sich irgendwo in deinem Körper mikroskopisch kleine Rundwürmer festgesetzt. Würmer, musst du wissen, gibt es *überall*.

Es gibt viele Arten von Würmern und sie alle haben ihren Platz auf der Welt. Plattwürmer (sie gehören zu den *Plathelminthes* – buchstäblich »platter Wurm«) sind wahrscheinlich die einfachsten Würmer. Anders als Seesterne oder Quallen haben Plattwürmer echte Gedärme. Sie haben ein Kopfende oder ein Maul, mit dem sie die Nahrung aufnehmen, und sie haben ein zweites Ende, an dem – hüstel – die Abfälle ausgeschieden werden. Sie haben auch ein einfaches Nervensystem und die Anfänge von Rückenmark (was sich, wie wir im nächsten Kapitel sehen werden, irgendwann zu einer Wirbelsäule und einem Gehirn bei Fischen sowie anderen, noch komplexeren Tieren weiterentwickeln kann). Sie sind auch die längsten Tiere der Welt – Lineus longissimus (er gehört zu den Schnurwürmern) kann eine Länge von 50 Metern erreichen!

Bandwürmer haben keine eigenen Gedärme, also nutzen sie einfach die von anderen Lebewesen. Sie leben in den Därmen von Fischen und Nutztieren, nehmen deren halb verdaute Nahrung durch ihren Körper auf und legen Tausende von Eiern in ihre Eingeweide. Wenn die Babywürmer aus den Eiern schlüpfen, wandern sie in die Muskeln und Organe der Tiere. Werden verwurmtes Fleisch oder verwurmter Fisch von uns Menschen gegessen, können wir auch Bandwürmer aufnehmen – und diese können dann jahrelang in uns leben!

Ringelwürmer, sie gehören zu den Gliederwürmern, sind jene Würmer, die man durch die Erde kriechen sieht oder die hungrigen Vögeln aus dem Schnabel hängen. Regenwürmer (siehe Bild) sind im Übrigen ziemlich nützlich – sie fressen abgestorbene Blätter und Wurzeln und wandeln sie in gute, nährstoffreiche Erde. Sie können ebenfalls unglaublich lang werden – es gibt in Australien eine Art, die eine Länge von bis zu drei Metern erreicht!

Und letztendlich infizieren die verschieden großen Nematoden (oder Fadenwürmer) überall auf der Welt Menschen. Die Eier vom Peitschenwurm werden über die Hände zum Mund übertragen, wenn man sich diese nicht nach der Toilettenbenutzung wäscht. (Siehst du! Deine Mutter weiß durchaus, wovon sie spricht.) Die Eier von Madenwürmern können über den Staub eingeatmet werden. Und Hakenwürmer können sich direkt durch deine Haut in deinen Körper eingraben. Einige Rundwürmer sind mikroskopisch klein, während andere wiederum über einen Meter lang werden.

Iiiih! Wie ekelig.
Und das ist noch nicht alles. Rundwürmer, so schätzen zumindest die Wissenschaftler, sind so zahlreich und weitverbreitet, dass sie wortwörtlich die ganze Tierwelt füllen. Könntest du mit einem Zaubertrick alle Tierkörper auf der Welt unsichtbar machen, würdest du die Form ihrer Körper immer noch erkennen können, durch die vielen Würmer in ihnen.

Du meinst, so als wären es große, verwurmte Plastiken? Ist das widerlich!
Ich gebe zu, das Bild ist nicht schön, aber es trifft so ziemlich den Punkt, denn *so viele* gibt es ungefähr.

Arggh! Die sind ja überall! Das ist ja eine ganze Welt von Würmern! Wie kommt es, dass es so viele von ihnen gibt?
Zum Teil liegt das daran, dass es sie schon sehr, sehr lange gibt – über 500 Millionen Jahre. Die meisten der komplexen Tiere haben sich aus ihnen entwickelt. Ihre einfachen Därme und ihr Kopf-bis-Schwanz-Körperbauplan führten zu komplizierteren Verdauungssystemen und Blutkreisläufen bei Insek-

ten und Weichtieren. Und die Nervenstränge, die eine Familie von Würmern entwickelte, führte letztendlich zu Fischen, Reptilien und Säugetieren mit Rückenmark und einer Wirbelsäule.*

Also sind Fische so was wie Würmer nur mit Augen und Wirbelsäule?
Indirekt, ja ...

Und Reptilien sind wie Fische mit Armen und Beinen und Lungen?
Ja, das könnte man so sagen ...

Und Säugetiere sind wie große, haarige Reptilien mit einem größeren Gehirn ... und Brüsten?
Also ... sozusagen, ja.

Und die meisten von ihnen nehmen kleine, sich windende Passagiere in ihren Körpern mit?
Ja. Oder so ähnlich.

Iiiiihh. Also, das ist ja alles ganz interessant, aber auch ziemlich eklig. Ich gehe jetzt erst einmal in die Badewanne.
Ich auch. Nichts lässt einen sich so winden wie ein Wurm.

---

* Mehr dazu findest du im Kapitel »Wann wuchsen den Fischen Füße?« auf Seite 111.

Bau dir deinen eigenen Wurmkasten

Sammle einige Tage lang die Essensreste aus eurer Küche in einem verschlossenen Behälter im Kühlschrank. Behalte alle Apfelbutzen, Bananen-, Orangen- oder Kartoffelschalen, Möhrenreste und Salatblätter – alle Obst- und Gemüsereste, die man sonst wegwerfen würde (aber gib kein Fleisch dazu, denn das lässt den Wurmkasten stinken und würde Ratten und andere Plagegeister anziehen).

Wenn du damit fertig bist, grabe im Garten einige Würmer aus. Oder warte, bis es regnet, und sammle sie auf, wenn sie an der Oberfläche herumglitschen. Lege sie zusammen mit etwas Erde in einen verschlossenen Behälter. Bohre ein paar Luftlöcher durch den Deckel.

Nimm eine durchsichtige Plastikbox oder ein Aquarium und fülle den Boden etwa fünf Zentimeter hoch mit Erde. Gib darüber eine Schicht Sand, die so ungefähr dieselbe Höhe haben sollte. Drücke Erde und Sand nicht fest – sonst können sich deine Würmer nicht hindurchgraben (und atmen).

Lege eine Schicht der Essensreste aus dem Kühlschrank darüber. Bedecke alles mit einer weiteren Schicht Erde, einer weiteren Schicht Sand und dann dem Rest der Essensreste.

Gib nun deine Würmer dazu, schließe den Behälter mit einem durchlöcherten Deckel und lass alles eine Weile stehen. Nach einem oder zwei Tagen werden deine Würmer die Erde, den Sand und die Essensreste komplett durchwühlt haben, weil sie alles vor- und rückwärts untertunneln. Füttere sie mit weiteren feuchten Essensresten oder setze sie nach einer Weile wieder in den Garten aus.

Simsalabim – ein lebendiger Wurmkasten!

Warum sind Insekten und Käfer nicht so groß wie Autos?

Das hat etwas mit ihrem Körperbau zu tun. Du kannst dir Insekten und Käfer in etwa wie Ritter mit einer schweren Rüstung vorstellen. Ihr starkes Außenskelett ist ein guter Schutz, aber wenn sie zu groß werden würden, wären sie zu schwer, um sich zu bewegen.

Aber Insekten wirken doch gar nicht so schwer. Ich meine, man spürt sie doch kaum, wenn sie über einen krabbeln.
Das liegt daran, dass sie meistens ziemlich klein sind. Aber wenn du mal an ihre größeren Verwandten denkst, die Krabben, Krebse und Hummer, dann kriegst du schon eine Vorstellung, wie schwer ein großes Insekt sein könnte.

Krabben, Hummer, Spinnen, Skorpione und Insekten bilden eine große Gruppe von Tieren die man Arthropoden nennt. Arthropod bedeutet wörtlich übersetzt Gelenk-Fuß, was sich auf ihre gepanzerte Körperform bezieht. Arthropoden (oder auf Deutsch: Gliederfüßer) sind uns sehr ähnlich, ihr Körper funktioniert einfach umgekehrt: Statt fester Knochen, die von Muskeln umgeben sind, haben sie ihr Skelett an der Außenseite und Muskeln im Inneren. Ihre Außenskelette sind aus einem harten Stoff namens Chitin, das eine feste Hülle um ihre Körper und harte Röhren um ihre Gliedmaßen bildet.

Aber wenn sie ganz starr und steif sind, wie können sie sich dann überhaupt bewegen?
Ahaa, jetzt kommen die Gelenke ins Spiel. Die festen Hüllen und die Röhren sind miteinander verbunden. In ihrem Inneren befin-

den sich Muskeln, die den Körper bewegen. Das verleiht ihnen starre Körper, aber flexible, bewegliche Beine. Die Körper von Arthropoden sind in Abschnitte oder Segmente unterteilt. Je ein Gliedmaßenpaar ragt zu einem bestimmten Körpersegment aus ihrer Seite oder aus der Unterseite. Ein typisches Insekt, wie eine Ameise oder ein Käfer, hat einen Kopf, einen Brustkorb (auch Thorax genannt) und einen Hinterleib, sowie drei Paar Beinsegmente, sodass sie insgesamt sechs Beine haben.

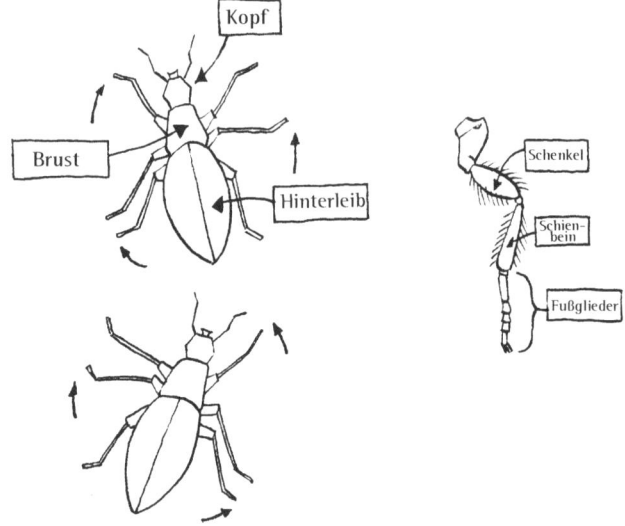

Um vorwärtszukommen, bewegt sich jedes Bein nach oben (vom »Hüftgelenk« aus, wo es am Körper hängt), nach vorne, zurück und dann nach unten. Und das immer im selben Muster, sodass sich das Insekt nach vorn fortbewegt.

Für kleine Insekten funktioniert das ziemlich gut. Der ausgehöhlte, muschelähnliche Panzer schützt sie vor Angreifern und dennoch sind sie beweglich. Aber ab einer bestimmten Größe würden diese Röhren und Hüllen unter ihrem eigenen Gewicht zusammenbrechen und sie wären steif und bei Angriffen ungeschützt. Deshalb werden Insekten meist auch nicht viel größer als ein paar Zentimeter. Die größten Käfer und Insekten der Welt leben in Südamerika und China und auch sie werden nur selten länger als 18 Zentimeter. Das ist vielleicht genug, um gruselig zu sein, aber sie sind mit Sicherheit keine Menschenfresser.

Aber wie ist es mit Spinnen, Skorpionen und Tausendfüßern? Einige von denen werden schon ziemlich riesig, stimmt's?
Na ja, die zählen gar nicht zu den Insekten. Spinnen und Skorpione gehören zu den Arachnida[*], den Spinnentiern. Sie haben ganz andere Körperformen und Lebensweisen als Insekten. Außerdem haben sie vier Beinpaare statt nur drei und sie haben Jagdformen entwickelt, die nicht viel Bewegung erfordern. Zum Beispiel liegen sie in einem Netz auf der Lauer und lähmen ihre Opfer mit Stichen oder Bissen. Doch auch die größten Spinnen oder Skorpione werden kaum mehr als 30 Zentimeter groß.

Tausendfüßer oder Hundertfüßer bilden ihre eigene Familie, die Myriapoda (was »viele Beine« bedeutet) und einige nutzen ihre extra vielen Beine auch, um ihre extra Größe und ihr extra Gewicht abzustützen. Afrikanische Riesentausendfüßer wie die *Archispirostreptus gigas* können bis zu 38 Zentimeter lang werden. Auch die würde ich nicht in meinem Bett finden wollen, aber von »Auto-Größe« sind wir immer noch weit entfernt.

Die größten Arthropoden sind jene, die im Meer leben – die Crustacea, auch Krebstiere genannt. Krabben und Hummer haben fünf Beinpaare (also zehn Beine insgesamt) und sie verlassen sich auf die Strömungen im Wasser, die ihren Körper mittragen. Deshalb können sie auch so groß werden. Hummer im Nordatlantik können bis zu 60 Zentimeter groß werden und Japanische Riesenkrabben haben eine Körpergröße von 30 Zentimetern und eine Beinspanne von bis zu drei Metern!

---

[*] Zu dieser Gruppe gehören auch die Holzböcke und Milben. Mit bloßem Auge sehen sie wie kleine Punkte oder Perlen aus, doch unterm Mikroskop werden sie viel »spinniger«.

Ah, jetzt kommst du mal zur Sache! Das ist riesig.
Natürlich krabbeln nicht alle Insekten auf dem Erd- oder Meeresboden herum. Einige sind auch sehr erfolgreich in die Luft abgehoben – wie Fliegen, Käfer, Bienen, Wespen und Schmetterlinge. Aber auch hier gibt es Grenzen, wie groß sie werden können. Es ist nämlich, wie du dir wahrscheinlich denken kannst, noch schwieriger, sich in die Lüfte zu schwingen als herumzulaufen oder zu rennen.

Kleine Insekten wie Bienen und Wespen fliegen, indem sie unglaublich schnell mit ihren kleinen Flügeln schlagen und so kleine Wirbel in der Luft entstehen lassen. Diese helfen ihnen, oben zu bleiben. Das Fliegen ist also mehr so, als ob sie sich durch eine matschige Flüssigkeit bewegen würden und weniger ein Gleiten oder Segeln durch dünne Luft. Je größer etwas ist, desto heftiger stürzt es ab. Oder anders gesagt, es ist dann schwieriger, oben zu bleiben. Das ist auch der Grund, warum fliegende Insekten nicht mehr sehr groß werden. Die größte Wespe der Welt[*] ist gerade einmal fünf Zentimeter lang und das größte fliegende Insekt – eine tropische Riesenwanze – hat eine Flügelspannweite von etwa 20 Zentimetern. Das sind schon ordentliche Geschosse aber nix im Vergleich zur Riesenlibelle *(Meganeura monyi),* die vor über 300 Millionen Jahren lebte und eine Flügelspanne von bis zu 70 Zentimetern hatte!

Was meinst du damit: »Sie werden nicht mehr so groß«?
Na ja, zu einer anderen Zeit in der Erdgeschichte waren einige Insekten, wie zum Beispiel Libellen, viel größer. Das lag daran, dass die Atmosphäre viel wärmer und dichter war. So bot sie viel mehr Auftrieb und Sauerstoff für einen rasanten Insektenflug. Einige urgeschichtliche Libellen erreichten Größen von bis zu 70 Zentimetern.

---

[*] Sie führt den klangvollen Namen Tarantulafalke und lebt in Südamerika. Die Wespe überwältigt sogar Vogelspinnen. Unvorstellbar, was es für verrückte Insekten gibt.

Na, das ist mal ein Rieseninsekt. Wenn die Erde sich also erwärmt – du weißt schon, mit der globalen Erderwärmung und dem ganzen Kram –, gibt es dann wieder so richtig schöne große Insekten?

Es ist unwahrscheinlich, aber nicht unmöglich. Die Atmosphäre müsste allerdings nicht nur wärmer werden, sondern auch der Luftdruck müsste steigen. Und dafür, dass das in nächster Zeit passieren wird, gibt es keine Anzeichen. Es könnte aber riesige insektenartige Wesen auf einem fernen Planeten geben, den wir nur noch nicht entdeckt haben. Ein Planet mit einer dichteren Atmosphäre oder weniger Schwerkraft könnte Lebewesen wie Riesenskorpione oder gigantische Landkrebse durchaus ermöglichen ...

Cool! Vielleicht kriechen sie dort herum und grabschen mit ihren kranähnlichen Scheren nach menschengroßen Opfern ... Das würde ich zu gerne sehen!

Ich auch. Aber nur aus sicherer Entfernung.

Wer gehört nicht dazu?

Finde in jeder Gruppe von jeweils vier Tieren jenes heraus, das nicht dazugehört.

1. Hirschkäfer	Obstfliege	Schmetterling	Tausendfüßer
2. Weberknecht	Vogelspinne	Schnake	Holzbock
3. Einsiedlerkrebs	Tintenfisch	Garnele	Hummer
4. Libelle	Taschenkrebs	Seestern	Seepocke

(Lösungen ab Seite 198)

Warum sind Schnecken so schleimig?

Aus drei Gründen: Erstens bewahrt sie das davor, an der Luft auszutrocknen. Zweitens erlaubt es ihnen, auch kopfüber zu kriechen. Und drittens, so schmecken sie einfach abscheulich.

Aber warum sollten sie Sorge haben auszutrocknen?

Weil sie sich ursprünglich im Wasser entwickelt und erst später an das Leben an Land angepasst haben. Nacktschnecken, Schnecken und andere Mollusken, also Weichtiere, haben sich zunächst für ein Leben im Wasser entwickelt. Viele von ihnen – wie die Muscheln, Miesmuscheln, Napfschnecken, Tintenfische, Kalmare oder Kraken – blieben einfach dort. Doch einige Schneckenarten verließen das Wasser für ein Leben an Land[*] und deshalb mussten sie einen Weg finden, ihre Körper in der trockenen Luft um sie herum feucht zu halten.

Ein Teil der Lösung war, eine dünne Schleimschicht aus ihren Hautdrüsen abzusondern. Diese Schicht verhindert, dass das Wasser aus ihrem Körper verdunstet. Vielleicht erinnerst du dich an die Würmer? Die machten es genau so.

Und das lässt sie auch so schleimig und eklig werden?

Genau. Tatsächlich sondern einige Nacktschnecken und Schnecken einen giftigen (oder zumindest sehr übel schmeckenden) Schleim ab, der Vögel, Reptilien und andere Säugetiere davon abhalten soll, sie zu fressen. Obwohl das französische Chefköche nicht davon abhält, den Schleim abzukochen und die Schnecken dann stattdessen mit Butter und Knoblauch zu überziehen.

---

[*] Einige Muscheln können auch in Süßwasserseen und Flüssen überleben und einige Mollusken überleben sogar einige Stunden an der Luft. Napfschnecken zum Beispiel pressen zwischen den Gezeiten einfach ihre Gehäuse fest an die Felsen. Aber Nacktschnecken und Schnecken sind die einzigen, die unbegrenzt lange außerhalb des Wassers überleben.

Na iih! Das hab ich ja noch nie verstanden.
Ich auch nicht.

Und warum haben Schnecken ein Schneckenhaus und Nacktschnecken nicht?
Weil Nacktschnecken es nicht wirklich brauchen.

Aber warum? Sind Nacktschnecken ohne Häuschen nicht – du weißt schon – sehr hilflos?
Nun ja, für Landschnecken ist das mehr ein Schutz vor dem Austrocknen, als einer vor Angreifern. Die Schneckenhäuser sind zu dünn, um als echter Panzer zu dienen, so wie es bei Muscheln der Fall ist. Auf dem Land zermalmen Vögel, Nagetiere oder andere Angreifer das Häuschen einfach oder schlagen es gegen einen Stein, bis es aufbricht. Außerdem braucht es ziemlich viel Kraft, Zeit und Kalzium, um so eine Schale zu bilden – was bedeutet, dass die Schnecken nur in Gegenden mit kalziumreicher Erde und Pflanzen leben können.

Nacktschnecken haben das irgendwann rausgefunden. Also haben sie einfach aufgehört, Schneckenhäuser zu bilden und stattdessen angefangen, diese durch einen dickeren, klebrigeren Schleim zu ersetzen. Der sie ganz gut davor bewahrt auszutrocknen.

Also hatten Nacktschnecken früher auch einmal Schneckenhäuser?
Ja! Und viele haben sie auch immer noch! Man kann sie nur nicht sehen. Viele Arten von Nacktschnecken haben eine dünne, gehäuseähnliche Schicht Kalzium *unter* ihrer Haut (oder ihrer Hülle), welche ihre behauste evolutionäre Vergangenheit verrät.

Abgesehen davon haben Nacktschnecken und Schnecken

vieles gemeinsam. Sie haben beide eine mit Zähnchen besetzte Raspelzunge, die man *Radula* nennt. Einige haben Hunderte oder gar Tausende von Zähnen, mit denen sie ihre Nahrung klein schnippeln oder abkratzen.

Nacktschnecken und Schnecken haben Zähne? Das gibt's doch nicht!
Ja, viele. Was hast du denn gedacht, wie sie sonst so viel Schaden beim Salat und anderen Pflanzen anrichten könnten? Indem sie daran saugen?

Oh. Das habe ich nicht bedacht . . .
Sie haben außerdem ein oder zwei Paar Fühler (mit Augen am Ende) sowie einen glitschigen Fuß, mit dem sie Oberflächen erklimmen. Und dann kommt der Schleim erst richtig zur Geltung.

Wie das?
Der Schleim fungiert sowohl als öliges Gleitmittel wie auch als klebriger Kleister. Er hält die Schnecke an fast jeder Oberfläche und erlaubt ihr, durch die wellenartigen Bewegungen des Fußes steil nach oben oder sogar kopfüber zu kriechen.

Aber wenn sie an der Oberfläche festklebt, wie kann sie sich dann überhaupt bewegen?
Wenn das Tier seinen muskulösen Fuß nach vorn schiebt, bricht sich der Kleister am hinteren Ende des Fußes und der Fuß löst sich ab. Wenn das Tier mit der Bewegung aufhört, bildet sich der Kleister neu und hält es wieder an der Oberfläche fest. Also schiebt und klebt es sich langsam seinen Weg und hinterlässt dabei eine schmierige Spur. Seit Kurzem sind Ingenieure an dieser schleimbetriebenen Methode des Reisens überaus interessiert. Sie untersuchen Schneckenschleim, ob er

sich vielleicht für Roboter eignet, die schneckenartig Wände hochkriechen können.

Abgefahren! Aber . . . wie . . . kommen die Forscher an den Schneckenschleim?

Du wirst es nicht glauben, aber die bevorzugte Methode ist, Schnecken mit einem Salatblatt auf eine Glasscheibe zu locken, sie dann zu überreden, im Kreis zu kriechen, und am Ende die ganze Schleimspur abzukratzen.

Igitt! Also den Job möchte ich nicht haben. Schnecken sind eklig.

Du findest, das ist eklig? Dann gib dir das mal: Irgendwann im Laufe der Evolution von Seeschnecken, haben sich ihre Därme um 180 Grad gedreht, sodass ihr Po nun direkt über ihrem Kopf ist, genau unter dem Schneckenhaus. Schnecken kacken sich also selbst auf den Kopf.

Warum machen sie denn das? Sind die blöd oder was?

Um ehrlich zu sein, niemand weiß so genau, wie oder warum das geschehen ist. Es erscheint wirklich nicht sehr sinnvoll, denn es bedeutet, dass sie ständig riskieren, sich die Kiemen zu verschmutzen – dann würden sie ganz wörtlich ihre Kacke einatmen und daran ersticken. Aber irgendwie kommen sie trotzdem damit klar.

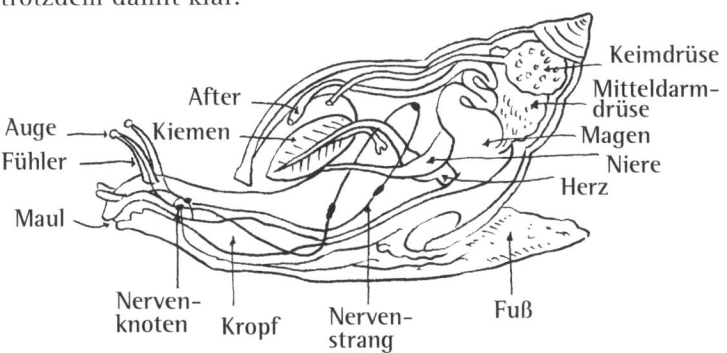

Also atmen Mollusken, d.h. die Weichtiere, durch Kiemen? Nicht durch Lungen?
Seeschnecken und die meisten anderen Mollusken haben Kiemen. Aber bei Landschnecken haben sich diese in echte Lungen verwandelt. Dabei wird mithilfe von Muskeln die Luft eingesaugt und ausgestoßen, ziemlich genau wie bei uns. Die Atmungsorgane sitzen zwischen dem Kopf und dem Gehäuse auf der Oberfläche des Mantels. Bei Kraken und Kalmaren, den größten Mitgliedern der Familie der Weichtiere, können die pumpenden Kiemen noch eine ganz andere Funktion haben: als Düsenantrieb.

Echt? Ich dachte, die dümpeln nur so herum, indem sie mit ihren Tentakeln wackeln.
Kraken bewohnen den Meeresgrund, aber wenn sie aufgeschreckt werden, können sie mit Hochgeschwindigkeit davondüsen. Dafür saugen sie Wasser in ihre Hohlräume und stoßen das dann entgegen der Fluchtrichtung aus. Kalmare düsen so die ganze Zeit umher. Wahrscheinlich entwickelten sich Kalmare, Tintenfische und Kraken (sie gehören alle zur selben Familie, den Chephalopoda, Kopffüßern) dank dieser schnellen, düsenbetriebenen Bewegung auch zu flinken Jägern statt zu untätigen, glibberigen Pflanzen- und Planktonfressern.

Sie haben ein scharfes Sehvermögen und schnelle Reflexe und außerdem sind sie ziemlich clever, zumindest für Wirbellose. Kalmare und Tintenfische können mithilfe von Lichtmustern, die sie auf ihrem Körper erzeugen, kommunizieren. Kraken verfügen beim Jagen über besonders listige Problemlöseintelligenz.

Außerdem werden sie groß. Sehr groß. Große Kalmare werden über zehn Meter und sie kämpfen regelmäßig mit Pottwalen. Der erst kürzlich entdeckte Koloss-Kalmar wird 13 Meter und vielleicht sogar noch länger.

Abgefahren! Wenn sie so klug und tödlich sind, warum sind dann Kalmare und Tintenfische niemals aus dem Wasser gekrabbelt, um an Land zu leben und sich zu – na, du weißt schon – zu Kalmar-Menschen oder so zu entwickeln?

Zum einen, weil sie gar nicht so einfach herauskommen können. Ihre wassergefüllten Tentakel sind an die Bewegung unter Wasser angepasst und an Land sind sie schlapp und unnütz (wenn du schon jemals einen Kalmar oder Tintenfisch außerhalb des Wassers gesehen hast, weißt du, was ich meine). Was wahrscheinlich eine ziemlich gute Sache für unsereins an Land ist.

Wie wäre es auf einem anderen Planeten? Könnte es dort geschehen?

Wer weiß? Ich weiß nur eins – luftatmende Kalmar-Menschen wäre eine ziemlich gruselige Sache. Denk mal darüber nach: Kopffüßer sind klug, sie kommunizieren, sie sind listig und sie fressen Fleisch . . .

Hier, auf der Erde werden sie in Schach gehalten, weil sie das Wasser nicht verlassen können. Und selbst wenn ihnen das gelänge, müssten sie an Land dem Wettbewerb mit großen Landraubtieren standhalten.

Genau! Vielleicht entwickeln sie sich ja woanders mit Superintelligenz und Supertechnologie. Dann könnten sie einen echten Alien-Mollusken-Überfall starten! Und was würden wir dann machen?

Wir würden die Franzosen vorschicken, oder? Bewaffnet mit riesigen Gabeln und Unmengen an Knoblauchbutter.

5.
Große mit Wirbelsäule

Warum winden sich Krokodile beim Laufen?
Krokodile können – wie viele andere Reptilien – ihre Hüften und Schultern nicht seitwärts drehen. Also müssen sie ihre Wirbelsäule winden, um sich beim Laufen nach vorn zu »schlängeln«. Reptilien sind anders gebaut als Säugetiere. Während sie an Land flinker sind als Fische oder Amphibien, sind sie doch nur arme Verlierer hinter Katzen, Hunden, Pferden oder Menschen, wenn es ums Laufen, Rennen oder Springen geht.

Warum das denn? Ich dachte, Eidechsen und Krokodile bewegen sich schon ziemlich schnell.
Ja, einige tun das auch. In Costa Rica vorkommende Schwarzleguane können an Land Geschwindigkeiten bis zu 35 km/h erreichen und Süßwasserkrokodile schaffen bei vollem Galopp 17 km/h. Aber das ist nichts im Vergleich zu den Säugetieren. Ein Gepard jedoch erreicht über kurze Entfernungen bis zu 90 km/h, während Gazellen und Springböcke Geschwindigkeiten von 80 km/h über Entfernungen von ein bis

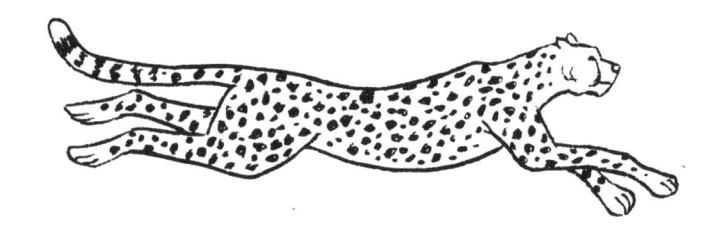

zwei Kilometern halten können. Kein Reptil kann so flink sein.

Warum nicht?
Das liegt an der Art, wie ihr Körper gebaut ist und wie sie sich entwickelt haben. Aber statt dass ich dir das alles erzähle, lass uns doch lieber ein kleines Experiment starten ...

Versuch einmal Folgendes: Leg dich auf den Boden, Bauch nach unten und die Arme lose an deinen Seiten. Stell dir vor, du kannst deine Arme und Beine weder spüren noch bewegen. Probier nun, deinen Körper über den Boden zu bewegen, indem du nur deine Schultern, Hüften nutzt und deine Wirbelsäule windest und schlängelst. Los, probier es mal. Ich warte.

(Hm. Stöhn. Keuch.) Puh. Das ist ziemlich anstrengend!
Gar nicht leicht, siehst du. Aber das ist so ziemlich alles, was ein Fisch kann (und das erklärt auch, warum sich Fische an Land nicht besonders gut bewegen). Fische gehören zu den einfachsten Wirbeltieren. Sie können ihre Wirbelsäule winden und schlängeln, aber das ist es dann auch schon. Im Wasser erlaubt ihnen das, zu schwimmen und zu wenden, aber an Land ist das Rückgrat-Wackeln nicht so der Hit[*] – abgesehen davon, dass sie an Land ersticken würden.

Versuchen wir jetzt mal, mich zu einem Reptil zu »entwickeln« ...
Leg dich noch einmal auf den Boden. Stütz dich auf deine Hände und Füße. Dreh dabei nun die Füße, so weit es geht, nach außen und die Hände nach innen, sodass deine Finger-

---
[*] Einige Fische, wie die Schlammspringer, halten es bei Ebbe an der Küste ziemlich gut aus und springen bis zu 60 Zentimeter, allein durch das Drehen ihrer Wirbelsäule und dank ihrer besonderen Brustflossen. Sonderlich flink sind sie dennoch nicht.

spitzen zueinander zeigen. Halte deine Brust und deine Hüften dicht über dem Boden und stell dir vor, ein Stock wäre von einem Ellbogen zum anderen durch dein T-Shirt geschoben. Krabbel jetzt nach vorn und beweg abwechselnd deine Hände und Füße.

Okay ... (Uff!) ... immer ... noch ... schwierig, ... aber ein bisschen ... (Keuch!) ... schneller.
Richtig. Genau so bewegen sich Molche, Eidechsen und Krokodile. Reptilien und Amphibien waren die ersten Wirbeltiere welche wirklich flink an Land waren, weil es ihnen ihre Extremitäten (Gliedmaßen) erlaubten, zu krabbeln, rennen und (zumindest einigen) zu springen. Da sich aber die Schultern und Hüften der meisten[*] Reptilien nicht frei und unabhängig voneinander drehen lassen (wie es bei den Säugetieren der Fall ist) müssen sie ihren ganzen Körper wie »Landfische« mit den Beinen hin und her schlängeln, um sich zu bewegen. Was wiederum ihre Schnelligkeit und Beweglichkeit einschränkt.

Jetzt lass mich zu einem Säugetier »entwickeln«.
Okay. Dann geh auf alle viere – auf deine Hände und Füße – richte deine Hände und Füße aber dieses Mal so aus, dass sie nach vorn zeigen. Stelle dich auf deine Zehen und hebe deinen Körper etwas höher vom Boden hoch. Nun bewege dich wieder nach vorn. Mit ein bisschen Übung (und Fantasie!) sollte dir ein unheimlicher, katzenähnlicher Gang gelingen.

---
[*] Zumindest ist das so bei den Reptilien, die heute noch leben. Doch viele Dinosaurier (und andere inzwischen ausgestorbene prähistorische Reptilien) hatten einen etwas anderen Hüftaufbau, was Tieren wie *Velociraptor* oder *Gallimimus* erlaubte, sich erschreckend schnell zu bewegen.

Wow. Das ist viel einfacher. Jetzt laufe ich auch eher, als dass ich krieche.
Korrekt. Und das ist der Vorteil, den Säugetiere gegenüber Reptilien haben. Ihre Schultern und Hüften sind beweglicher und ihre Knie und Ellbogen haben sich (im Laufe der Evolution) so verschoben, dass sie einander gegenüberliegen, statt nach außen abzustehen. Dank dieser Veränderungen wurden Säugetiere begabte Läufer, Springer und Kletterer.

Cool. Wir Säugetiere rocken!
Und wenn du dir das mal genau überlegst, lernen wir auch genau so als Säuglinge und Babys das Laufen. Zunächst kann ein Säugling nur seine Wirbelsäule winden und sich damit drehen und sich selbst hinsetzen. Dann lernt er, zu krabbeln und letztendlich zu laufen, zu rennen und zu springen. Reptilien wiederum hörten bei der steifen Krabbelstufe mit ihrer Entwicklung auf. Und obwohl einige von ihnen ziemlich schnell krabbeln können (und einige können sich sogar erheben und rennen), ist es nichts gegen uns Säugetiere – wie wir gerade gesehen haben.

Das ist einer der Gründe, warum Säugetiere überlebt haben und die Dinosaurier als die vorherrschenden Wirbeltiere auf dem Planeten abgelöst haben. Obwohl wahrscheinlich ein Asteroideneinschlag und anhaltende Klimaänderungen viele Dinosaurier umbrachten, beschleunigte der Konkurrenzkampf mit den kleinen, flinken, eierfressenden Säugetieren sicher auch ihren Untergang.

Säugetiere lebten zusammen mit den Dinosauriern?
Einige wenige, frühe taten das, ja. Aber nicht die Primaten (und ganz sicher keine Menschen). Nur einige kleine, mäuse-

ähnliche, die zwischen ihren Füßen herumflitzten*. Um dir ein Bild davon zu machen, wie die Welt damals für ein Säugetier war, stell dir einfach vor, in ständiger Angst leben zu müssen, dass ein riesiger *Apatosaurus,* der zehnmal so groß ist wie ein Elefant, dich jeden Moment zertrampeln könnte. Oder schnelle, zweibeinige *Velociraptoren* dich plattmachen, als wären sie geschuppte Geparden. Der Gedanke, einen furchterregenden, sechs Meter hohen *Tyrannosaurus Rex* in der Nachbarschaft zu haben, der dich plötzlich röhrend zu Boden reißt, dabei seine haifischartigen Zähne fletscht und mit den Kiefern klappert, ist auch nicht gerade behaglich . . .

Huch! Kein Wunder, dass diese kleinen Säugetiere lernten, wie man rennt!
Jep, du hast's durchschaut!

---

* Wir wissen das, da Forscher Fossilien von Dinosauriern und frühen, mäuseähnlichen Säugetieren nebeneinander in denselben Gesteinsschichten gefunden haben.

Wann wuchsen Fischen Füße – bevor oder nachdem sie das Wasser verlassen hatten?

Mit großer Sicherheit vorher, denn ohne sie hätten ihre luftatmenden amphibienhaften Vorfahren das Wasser gar nicht verlassen können, ganz zu schweigen davon, dass ihnen dann der Vorteil, an Land zu sein, auch gar nichts gebracht hätte. Tatsächlich haben sich nicht nur Froschfüße, sondern auch die Gliedmaßen von Eidechsen, Mäusepfoten und Menschenhände aus den fleischigen Flossen der Fische entwickelt.

Bist du dir sicher? Hätten sie nicht einfach aus dem Wasser springen und erst mal ein bisschen herumplumpsen können?

Okay ... und was hätten sie dann gemacht?

Äh ... keine Ahnung. Sie hätten nach vorbeifliegenden Insekten schnappen können und dann wären sie wieder ins Wasser zurückgeplatscht.

Na ja, wir haben ja nun schon gesehen, wie die schlecht ausgestatteten, beinlosen Fische sich für ein Leben an Land eignen – du hast es selbst ausprobiert, erinnerst du dich? Haie stranden gelegentlich, wenn sie versuchen, Robben im flachen Wasser zu jagen, und meistens geht es nicht allzu gut für sie aus. Außerhalb des Wassers ersticken sie innerhalb von wenigen Minuten.

Aber was wäre, wenn Fische zuerst Lungen entwickelt hätten und dann aus dem Wasser gekrabbelt wären?

Also Wale – die natürlich keine Fische sind, sondern im Meer lebende Säugetiere – können außerhalb des Wassers atmen, aber das Stranden bekommt ihnen meist auch nicht so gut.

Okay. Aber wenn es kleinere, leichtere Fische wären, die sich selbst an der Küste bewegen könnten?
Guter Einwurf. Einige Fischarten – nicht ohne Grund werden sie Lungenfische genannt – haben tatsächlich einfache Lungen entwickelt, die ihnen helfen, Dürrephasen zu überleben. Sie graben sich in den Boden ein und fallen in eine Art Sommerschlaf. Aber um aktiv zu jagen, sich zu vermehren oder eine längere Zeit außerhalb des Wassers zu überleben, müssten Fische in der Lage sein, ihren Körper anzuheben und an Land zu bewegen. Und zwar mit muskulösen Beinen. Oder zumindest mit den Ansätzen davon. Und das, so viel ist so gut wie sicher, hatten die frühen fischigen Landerforscher bereits.

Vor wenigen Jahren fanden Wissenschaftler einige unglaubliche Fossilien, die belegen, wie die ersten Fische das Wasser verließen und zu Tetrapoden wurden (das sind vierbeinige Landtiere wie Frösche, Eidechsen und Wiesel). Es waren, ziemlich wörtlich genommen, jene Fische, die Liegestütze konnten.

Was? Jetzt machst du aber Witze, oder?
Nein. Genau so war es. Der uralte fossile Fisch der Art *Tiktaalik* lebte vor etwa 375 Millionen Jahren. Was ihn besonders macht, ist, dass seine Vorderflossen ganz offensichtlich Handgelenkknochen und knochige »Finger« hatten, die es dem Tier erlaubten, sich zu beugen und aufzurichten. Wahrscheinlich waren seine Knochen noch nicht kräftig genug, um zu laufen, aber nichtsdestotrotz konnte er so was Ähnliches wie Liegestütze machen und sich aus dem Wasser heben – vielleicht um fliegende Insekten zu fangen.

Die Wissenschaftler vermuten, dass sich *Tiktaalik* zu so etwas wie *Acanthostega* oder *Ichthyostega* entwickelte. Diese im Morast lebenden Tiere, die ein bisschen wie riesige Salamander aussahen und die frühesten bekannten Tetrapoden sind, wurden irgendwann später zu Dinosauriern und anderen an Land lebenden Reptilien.

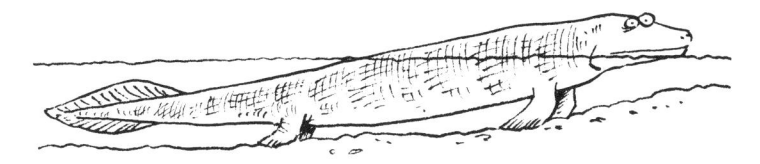

Also entwickelten sich die muskulösen Füße, während der Fisch immer noch im Wasser lebte?
Exakt.

Aber wozu braucht man unter Wasser Füße?
Wahrscheinlich konnten die Fische damit flinker im flachen Küstenwasser oder im Flussbett entlangsausen, ähnlich wie die heutigen Seekühe (die selbstverständlich Säugetiere sind, aber du verstehst schon, was ich meine). Und als die Füße kräftig genug waren und der Fisch sich hochstemmen konnte, boten sich den Tieren völlig neue Möglichkeiten – sie konnten nun an Land nach Nahrung suchen oder Angreifern im Wasser entkommen. Glücklicherweise kümmerte sich dann die natürliche Auslese um alles andere.

Die Evolution schnappte sich also eine Flosse und machte daraus einen Fuß.
Jawohl. Aus einer bestehenden Vorrichtung (wie eine Flosse) wurde im Laufe der Zeit etwas anderes (etwa ein Fuß). Dieses Prinzip ist im Übrigen recht geläufig in der Evolution. Es ist viel einfacher, einen alten Körperteil an einen neuen Gebrauch anzupassen, als etwas ganz neu und ganz von null an zu entwickeln. Das gilt auch für Augen, Flügel[*] und sogar für Teile unseres Gehirns.

---
[*] Siehe auch »Wie lernten Vögel das Fliegen« auf Seite 116 mit weiteren Informationen dazu.

Und danach entwickelten sich Fische weiter zu Amphibien, Eidechsen und Säugetieren?
Das ist richtig, das taten sie!

Ganz am Anfang waren Fische einfach nur so etwas wie flache Würmer ohne Maul, Augen, Flossen oder Wirbelsäule. Später entwickelten sie sich zu aalartigen Fischen mit fleischigen Flossen und einem Maul zum Lutschen, wie der Schleimaal oder das Neunauge, das es heute noch gibt. Nach ihnen kamen die Fische mit knochigen Kiefern und Flossen. Es waren diese knochigen Fische mit Wirbelsäule, welche die Ozeane für ein Leben an Land verließen, und zwar über solche frühen fischigen Tetrapoden (oder »Fischapoden«) wie *Tiktaalik*. Und sie waren es auch, die sich dann letztendlich weiter zu Molchen, Fröschen, Eidechsen, Dinosauriern, Vögeln, Pavianen und Menschen entwickelten.

Mit Wirbelsäule, Rückenmark und den muskulösen Gliedmaßen gewannen die fischartigen Landwirbeltiere an Bewegungsfreiheit, Energie und Kraft. Und genau das erlaubte es ihnen, sich erfolgreich zu einer breiten Auswahl an Körperformen weiterzuentwickeln – Amphibien, Eidechsen, Vögel, Säugetiere und so weiter.

Also stammen wir auch von den Fischen ab?
Nicht direkt, aber letzen Endes schon, ja! Fische sind unsere evolutionären Vorfahren, da sie die ersten Wirbeltiere waren. Doch wir stammen nicht wirklich von den Fischen ab, die du heute siehst, sondern wir stammen von Tieren *wie* ihnen ab, die vor Millionen von Jahren existiert haben.

Und in der Tat, selbst heute kannst du Belege für unsere fischigen Vorfahren in unseren Körpern finden.

Bis zum Alter von vier Wochen sehen menschliche Embryonen und die von Fischen noch ziemlich gleich aus. Beide haben einen langen Schwanz, untersetzte, flossenartige Gliedmaßen und sogar ein Paar Schlitze, wo die Kiemen entstehen könnten. Doch kurz darauf verlieren die menschlichen Embryonen ihren Schwanz, da die Wirbelsäule am Steißbein (Coccyx) nicht weiterwächst. Die untersetzten Ansätze der Gliedmaßen wachsen zu Armen und Beinen und die uralten Kiemenknochen werden ein Teil des Kiefers, des Innenohres und des Kehlkopfes (Larynx).

Fischembryo   Embryo eines Menschen

Cool. Obwohl es schon ein bisschen schade ist, dass wir unsere Kiemen und Schwänze verloren haben. Die wären ziemlich praktisch beim Schwimmen.
Stimmt. Wenn wir jetzt zurück ins Wasser wollen, müssen wir die fischähnliche Ausstattung kopieren, indem wir uns Plastikflossen, künstliche Unterwasseratemgeräte und eine Ganzkörpertaucherausrüstung anlegen.

Wir haben uns Millionen von Jahren entwickelt, um einen Weg zu finden, dem Mccr zu entkommen und nicht von Haien gefressen zu werden. Und jetzt springen wir ins Wasser zurück, um sie mit Stöcken zu provozieren.

Da fragt man sich doch, ob wir uns überhaupt so sehr viel weiterentwickelt haben . . .

Wie lernten Vögel das Fliegen?

Schritt für Schritt, indem sie ihre kurzen Flügelchen und wahrscheinlich die Höhe der Bäume genutzt haben. Wir können nicht mit Sicherheit sagen, auf welchem Weg die ersten Vögel in die Luft gekommen sind und ob alle Vögel auf demselben Weg das Fliegen gelernt haben. Die Wissenschaftler glauben, dass die frühen Flieger zwei Lager bildeten: die waghalsigen Gleit-Segler und die herumrennenden Hüpf-Flatterer.

Gleit-Segler und Hüpf-Flatterer? Mensch, wovon redest du eigentlich?
Entschuldigung – lass es mich erklären.

Die Entwicklung des Fliegens war seit der Zeit vor Darwin ein großes Rätsel. Und selbst danach hatten wir nur mögliche Erklärungen dafür, wie Vögel Flügel entwickelt haben könnten – nämlich Schritt für Schritt, von knubbligen Flügelchen zu weit ausgebreiteten, gefederten Flugorganen. Aber nicht einmal Darwin konnte mit Sicherheit sagen, welchen Weg diese frühen Vögel in den Himmel nahmen.

Fingen sie nicht einfach an, zu hüpfen und zu flattern?
Ja . . . das ist eine Möglichkeit, wie es geschehen sein könnte. Aber warum hätten sie das tun sollen?

Keine Ahnung – um Insekten zu fangen oder so? Oder um jemandem zu entkommen, der sie am Boden jagt?
Könnte sein. Und in der Tat ist das eine der Haupttheorien mit denen die Wissenschaftler zu erklären versuchen, warum Vögel zu fliegen anfingen. Im Grunde genommen lief es wohl so ab: Die Vögel entwickelten sich aus kleinen Dinosauriern (genauer gesagt aus den Theropoden)*. Diese Reptilien waren fe-

---
* Um mehr darüber und wie das genau geschehen ist zu erfahren, lies das Kapitel »Können die Dinosaurier jemals zurückkommen?« auf S. 144.

derlos, flügellos und rannten auf zwei Beinen über die Erde (wie ein Strauß oder Rennkuckuck), um ihre Beute zu fangen oder Angreifern zu entkommen. Einige dieser Dinosaurier mutierten und ihnen wuchsen Federn am Körper und den Vorderpfoten. Am Anfang half ihnen das wahrscheinlich nur, sich warm zu halten. Aber später hatten sie noch einen ganz anderen Zweck ...

Manchmal, wenn sie von einem Angreifer gejagt wurden, mussten diese frühen Dino-Vögel rennen und dabei über Hindernisse springen, Böschungen hinauflaufen oder Baumstämme hochklettern. Wenn die mutierten, gefiederten Bodenläufer dabei mit ihren untersetzten Armen flatterten, konnten sie wahrscheinlich ein kleines bisschen höher kommen und folglich eher überleben, als die Tiere ohne diese gefiederten »Flügelchen«. Obwohl also diese Flügelansätze weder groß noch kräftig genug zum Fliegen waren, würde die natürliche Auslese sie dennoch vor Wesen ganz ohne Flügel bevorzugen. Mit der Zeit entstanden Dinosaurier mit größeren und kräftigeren Flügelchen. Und irgendwann hatten sie funktionierende Flügel, mit denen sie den Boden verlassen konnten – als flatternde, fliegende Vögel.

Das klingt für mich einleuchtend.
Es erscheint auch vielen Biologen sinnvoll. Dazu kommt noch, dass diese Theorie vor Kurzem von einem Wissenschaftler unterstützt wurde, der mit Rebhuhnküken arbeitete, die mit ihren kurzen, untersetzten Flügelchen noch nicht in der Lage waren zu fliegen. Er fand in Experimenten heraus, dass diese Küken, wenn sie eine Böschung hinaufgejagt wurden,

genau die oben beschriebene Renn-Spring-Flatter-Methode zum Entkommen anwandten (er nennt es *flügelunterstützes Rennen*).

Na also, das ist es doch. Durchschaut!
Nicht so schnell. Das ist nur eine Theorie, wie es geschehen sein könnte. Eine andere ist, dass die frühen Dino-Vögel auf Bäume geklettert sind, von dort absprangen und nach unten segelten.[*]

Und warum sollten sie das tun?
Wieder einmal, um neue Nahrungsquellen zu finden oder vor Angreifern zu fliehen. Es mag sich nach großem Aufwand anhören, aber andere Tiere – wie Kurzkopfgleitbeutler oder Gleithörnchen – sind ebenfalls bekannt dafür, dass sie genau das tun. Diese beiden Säugetiere haben von den Händen bis zu den Füßen einen Hautlappen, der einen dünnen, fleischigen Gleitschirm bildet und sie über weite Entfernungen durch die Lüfte trägt.

Gleithörnchen klettern und segeln durch die Lüfte, sodass sie zwar zwischen den Bäumen nach Nahrung suchen, aber von den gefährlichen Angreifern am Boden, wie Schlangen, Wieseln, Waschbären, Rotluchsen oder Luchsen, fernbleiben können.

---

[*] Der Hoatzin, ein tropischer Vogel, der in den Sümpfen und Wäldern Südamerikas lebt, verhält sich noch heute ganz ähnlich. Die Küken haben Krallen an den Enden ihrer Flügel, mit denen sie auf die Bäume klettern, bevor sie richtig fliegen können. Werden sie von Schlangen oder anderen Angreifern bedroht, lassen sie sich fallen und gleiten in das darunterliegende Wasser. Anschließend nutzen sie ihre Krallen, um wieder nach oben zu klettern!

Aber können die meisten dieser Tiere nicht auch auf Bäume klettern?
Stimmt. Deshalb ist es ja auch so praktisch, auf halber Höhe die Bäume zu wechseln. Wenn jemand herankommt, wird ein Gleithörnchen erstarren und hoffen, dass es nicht gesehen wird. Kommt die Schlange, der Wiesel oder wer auch immer noch näher, springt das Gleithörnchen davon und segelt in den Schutz eines anderen Baumes. Die meisten Gleithörnchen können über 30 Meter weit zwischen Bäumen segeln*, auf halber Höhe steuern und schlängeln sie sich dabei, um noch mehr Abstand zu gewinnen. Einige können auch ein Stück ihres Schwanzes abwerfen, um den Angreifer noch mehr zu verwirren. Stell dir vor, wie sauer du wärst, wenn du als Schlange zu einem Angriff herankriechst und alles, was du davon hast, nicht mehr ist als ein Fellbüschel und ein Blick auf dein »Opfer«, das in der Ferne davonschwebt . . .

Also wie war es denn nun? Haben die Vögel so das Fliegen gelernt oder war es durch das Hüpf-Flattern mit ihren Flügelchen?
Das können wir nicht mit Sicherheit sagen. Es gibt Belege für beide Theorien. Die Rebhuhnküken und ihr durch Flügelschlagen unterstütztes Rennen deuten auf das Hüpf-Flattern hin. Aber vor Kurzem entdeckte Fossilien des ersten bekannten Dino-Vogels – des *Archäopteryx* – zeigen, dass er große Klumpen von Federn sowohl an den Vorder- als auch an den Hinterbeinen hatte. Das wiederum deutet darauf hin, dass er unter Benutzung aller vier Gliedmaßen von den Bäumen gesprungen und durch die Luft geglitten ist – genau wie die Gleithörnchen.

In jedem Fall haben sich die Vögel seither sehr stark weiter-

---

* Der asiatische Riesengleiter und der australische Riesengleitbeutler können über 100 Meter durch die Lüfte gleiten.

entwickelt. Obwohl viele andere Tierarten ganz verschiedene Flugarten entwickelt haben, sind die Vögel doch die besten Luftfahrer. (Bei dem Quiz auf der nächsten Seite kannst du noch mehr darüber herausfinden.)

Wie auch immer, dieses Baumgleiten will ich unbedingt mal ausprobieren. Wenn ein Gleithörnchen das kann, kann ich das doch auch!
Hör mal, bevor du dir jetzt Bettlaken um die Handgelenke und Knöchel bindest, solltest du vielleicht noch Folgendes wissen: Vögel und Gleithörnchen haben viel leichtere Knochen und Muskeln als du. Jeder Versuch, auf dieselbe Art wie sie zu fliegen, wird mit einem Ausflug ins Krankenhaus enden, verbunden mit Blaulicht, Sirene und vor Wut schäumenden Eltern.

Puhh. Das macht keinen Spaß.
Kopf hoch. Du kannst es ja immer noch mit Drachenfliegen probieren.

Oh, ja. Und für den Spezialeffekt bitte ich meinen Kumpel, sich als Wiesel zu verkleiden und mich über die Klippe zu jagen . . .
Tja, jeder nach seinem Geschmack . . .

Vogelquiz

Teste dein Wissen über unsere gefiederten Freunde.

1. Welcher ist der größte lebende Vogel der Welt?
a) Goldadler
b) Afrikanischer Strauß
c) Andenkondor
d) Elefantenvogel

2. Wie oft schlägt ein Kolibri pro Sekunde durchschnittlich mit den Flügeln?
a) 1- bis 5-mal
b) 5- bis10-mal
c) 10- bis 100-mal
d) 100- bis 1.000-mal

3. Der schnellste Vogel der Welt ist der Wanderfalke. Wie schnell ist er beim senkrechten Sturzflug?
a) 80 km/h
b) 160 km/h
c) 240 km/h
d) mehr als 300 km/h

4. Was kann KEINE der heute bekannten Vogelarten?
a) rennen
b) schwimmen
c) sprechen
d) den Kopf um 360 Grad drehen
e) etwas mit Echolot lokalisieren
f) Werkzeuge benutzen

(Lösungen ab Seite 198)

Wenn Haie doch so furchtbar gefährlich sind, wie kommt es, dass sie dann noch nicht alle anderen Fische gefressen haben?

So tödlich Haie auch sein mögen, sie könnten gar nicht alle Fische fressen, selbst wenn sie wollten. Kleinere Fische vermehren sich viel schneller als Haifische und sie sind aus vielerlei Gründen eine schlüpfrige und schwer fassbare Beute. Und außerdem, wenn sie alle Fische auffressen würden, hätten sie ja selbst nichts mehr, wovon sie leben könnten.

Wie geht das denn? Ich dachte, Haie wären, du weißt schon, das Ende der Nahrungskette.

Das sind sie auch. Aber um dort zu bleiben, brauchen sie jedes Tier (und jede Pflanze) unter ihnen. Raubtiere auf dem Land, wie zum Beispiel die Löwen, brauchen viele Antilopen und riesige Wiesen zum Überleben.* Für die Nahrungsketten im Ozean gilt dasselbe. Räuberische Haie sind auf kleinere Fische, Wasserpflanzen und Algen weiter unten in der Nahrungskette angewiesen. Fressen sie zu viele Fische (oder wird ein Gebiet von Menschen überfischt), beginnen die Haie, in dieser Gegend auszusterben. Genau wie bei den Löwen und den Antilopen gibt es ein natürliches Gleichgewicht zwischen Raubtieren und Beute.

Nichtsdestoweniger gibt es einen großen Unterschied zwischen Antilopen und kleinen Fischen.

Puuuh. Natürlich ist das so. Antilopen haben Beine ...

Ahh ... richtig. Aber mal *abgesehen* davon, Fische vermehren sich schneller. Sehr viel schneller. Antilopen bekommen nur ein oder zwei Junge pro Jahr. Ein typischer Fisch legt *Tausende* von Eiern (ein weiblicher Lachs legt etwa vier bis sechs Mil-

---

* Mehr über Nahrungsketten erfährst du im Kapitel »Wenn eine Spezies den Planeten besitzen würde, welche wäre es?« auf Seite 68.

lionen Eier in einer Brut!*). Auch wenn nur etwa ein Zehntel davon überlebt und zu einem ausgewachsenen Fisch wird, so sind es doch immer noch Hunderte, wenn nicht gar Tausende, die jedes Jahr in der Nahrungskette dazukommen. Selbst wenn die Haie *versuchen* würden, sie alle zu fressen, könnten sie da nie mithalten. Und genau das gehört zu den cleveren Überlebensstrategien der Fische.

Pah. Also für mich hört sich das nicht besonders clever an. Das bedeutet ja immer noch, dass riesige Mengen dummer Fische gefressen werden.
Na ja, sie haben ja auch noch andere Methoden, um nicht zu Haifischfutter zu werden. Und vielleicht sind die Fische ja gar nicht so dumm, wie du denkst ...

Fische waren die Ersten mit einem getrennten, zentralen Nervensystem (oder Gehirn) und die Ersten, die verschiedene Sinne zum Schmecken, Riechen und Hören entwickelt haben.

Fische haben Ohren?
Nein, keine Ohren wie wir (das würde ja auch ziemlich merkwürdig aussehen). Aber sie haben Organe, mit denen sie Geräusche und Druckänderungen im Wasser wahrnehmen können. Das ist ziemlich genau das, was ein Ohr tut. Das Seitenlinienorgan ist dafür zuständig. Es verläuft vom Kopf des Fisches die ganze Seite entlang bis zur Schwanzflosse. Bei den meisten Fischen kannst du diese Linie sogar sehen. Sie können damit Geräuschwellen und Druckände-

---
* Durch die immensen Strapazen, die Lachse bei ihrer Reise zum Laichplatz auf sich nehmen, kommen sie oftmals gar nicht dazu, noch ein zweites Mal Eier zu legen.

rungen im Wasser wahrnehmen, wie jene, die von einem sich nähernden Motorboot, einem Schwimmer oder Hai verursacht werden. Dank des Seitenlinienorgans *hören* oder *fühlen* Fische die Bewegung eines Angreifers, meist lange bevor sie ihn sehen. Dabei lösen die Geräusche oder Bewegungen in seiner Nähe beim Fisch eine Schreckreaktion aus – er wird dann seinen Kopf von der Quelle des Lärms oder der Bedrohung abwenden und in einem beliebigen Winkel davonschwimmen.[*] (Interessanterweise haben wir Menschen als Überbleibsel unserer fischigen Vergangenheit genau denselben Reflex: Wenn wir von Lärm oder einer plötzlichen Bewegung überrascht werden, rollt sich unsere Wirbelsäule ein, wir wenden den Kopf von der Bedrohung ab und – meistens jedenfalls – rennen davon.) Diese »Hörorgane« erlauben Fischen auch, die Bewegungen anderer Fische in ihrer Nähe wahrzunehmen und sich zusammen als Einheit zu bewegen, nämlich als Schwarm.

Aber wie hilft ihnen das beim Überleben? Sind sie dann nicht alle am gleichen Ort, was es Haien sogar noch leichter macht, sie zu verputzen?
Eigentlich ist es für Haie (genau wie für Delfine, Robben, Pinguine und alle anderen) viel schwerer, in einem Schwarm nach einem einzelnen Fisch zu schnappen. Denn die viele Bewegung verwirrt und er kann sich nicht entscheiden, welchen Fisch er verschlingen soll. Diese Verteidigungsstrategie könnte man also »Qual der Wahl« nennen.

Nichtsdestotrotz haben die Haie – oder ihre Cousins, die Rochen – auch ein paar Tricks im Ärmel, sodass die kleinen Fische immer auf Zack sein müssen. Oder besser gesagt, auf den Flossen.

---

[*] Das ist auch der Grund, warum es so schwer ist, Fische mit der Hand zu fangen, und wir gezwungen sind, stattdessen Netze oder Haken zu verwenden.

Was denn für Tricks?

Zusätzlich zu den Seitenlinienorganen, mit denen sie Druck wahrnehmen, haben viele Haie auch in ihren Nasen Organe entwickelt, mit denen sie Elektrizität spüren können, die lorenzinischen Ampullen. Damit fangen sie kleine, bioelektrische Felder auf, die beim Zucken der Fischmuskeln entstehen. So können sie ihre Beute auch im Dunkeln oder sogar vergraben im Sand oder im schlammigen Meeresboden lokalisieren.

Hammerhaie sind besonders gut darin. Das ist übrigens auch einer der Gründe, warum ihre merkwürdigen, flachen Köpfe so sind, wie sie sind – sie gleichen riesigen Satellitenschüsseln, die elektrische Signale unterhalb ihres Körpers aufnehmen. Beim Jagen schwenken sie ihren Kopf wie einen Metalldetektor von links nach rechts und suchen so den sandigen Meeresboden nach unsichtbaren, zappelnden Happen ab.

Cool. Können sie mit ihren elektrischen Köpfen auch jemandem einen Stromschlag versetzen?

Nein, aber ihre Cousins, die Zitterrochenartigen, können das. Haie und Rochen gehörten zur selben Klasse von Urfischen, den sogenannten *Elasmobranchii* (auf Deutsch heißt das so viel wie Plattenkiemer). Vielleicht hast du aber schon von dem giftigen Stachelrochen gehört, der einen langen, giftigen Stachel zum Angriff und zur Verteidigung entwickelt hat. Torpedorochen setzen sogar noch eins drauf. Mit ihren elektrischen Organen betäuben sie ihre Opfer und schrecken Angreifer ab. Diese Organe, die mit Zellen gefüllt sind, die Elektrizität speichern, den Elektroplax, kurz Eplax, sitzen auf beiden Seiten des Kopfes. Bei einem Angriff schwimmt der Rochen über den Fisch, geht mit beiden Batterien auf ihn los – und schockt und lähmt sein Opfer mit bis zu 4 kW. Wird er angegriffen, tut er dasselbe.

Wahnsinn! Könnten sie auch einen tödlichen Stromschlag versetzen?

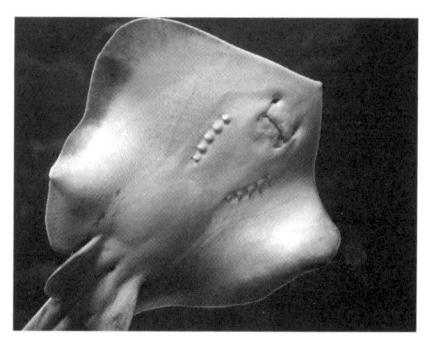

Wahrscheinlich nicht, denn die von ihnen abgegebene Elektrizität hat zwar eine hohe Stromstärke, aber nur eine geringe Spannung.* Aber es reicht immer noch aus, um einem einen ziemlich heftigen Schlag zu versetzen. Wortwörtlich. Die meisten Rochen (einschließlich des Stachelrochens und des riesigen Teufels- oder Mantarochens) stellen jedoch keine große Gefahr für Menschen dar. Und, wenn wir schon einmal dabei sind, die meisten Haifischarten auch nicht.

Und ich dachte immer, Haifische fressen Menschen?
Nicht wirklich. Oder zumindest nicht sehr oft. Einige von ihnen beißen immer mal wieder Menschen, das stimmt schon. Aber meistens bleiben sie nicht lange genug dabei, um diesen wirklich aufzufressen. Selbst der berühmte menschenfressende »Weiße Hai« (sein Artname ist übrigens *Carcharodon carcharias*, was ganz schöpferisch ausgedrückt »Haifischiger Hai« bedeutet) beißt nicht mehr als zehn bis 20 Menschen pro Jahr, weltweit. Und die meisten dieser unglücklichen

---

* Die in Südamerika lebenden Zitteraale können Ladungen bis zu 400 Volt generieren – genug, um einen Erwachsenen zu töten.

Schwimmer oder Taucher *überleben* die Angriffe – jedes Jahr *sterben* wirklich nur wenige Menschen an einem Haifischangriff.

Trotzdem wäre es mir lieber, ich würde nicht zu denen gehören.
Das möchte ich auch nicht. Dank Revolvergebiss stehen Weißen Haien in ihrem Leben bis zu 3.000 messerscharfe Zähne zur Verfügung. Diese sind in mehreren Reihen angeordnet, sodass sie einander sofort ersetzen, wenn sie stumpf werden oder ausfallen. Jeder ist bis zu acht Zentimeter lang, das ist ungefähr so lang wie dein Mittelfinger. Die Tiere selbst werden bis zu fünf Meter lang, das ist größer als die meisten dreisitzigen Sofas.

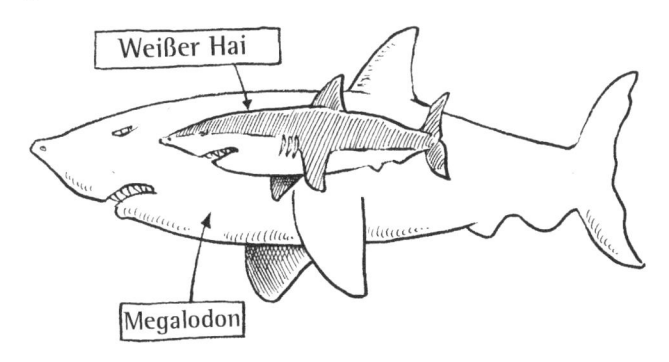

Mir wird ganz anders, wenn ich mir vorstelle, dass etwas so Großes mit einem Maul voller Fleischermesser auf mich losgeht ... oder ähm –schwimmt!
Und nun stell dir vor, in prähistorischen Zeiten streunte ein Hai durch die Meere, den man *Carcharodon megalodon* nannte. Sein Name bedeutet »großzahniger Hai«, und das ist eigentlich noch eine Untertreibung. Vor etwa 1,6 Millionen Jahren starb er aus und seine Zähne (die man als Fossilien überall auf der Welt fand) waren mehr als 18 Zentimeter lang.

Biologen gehen davon aus, dass sein Maul dann über drei

Meter breit und sein Körper mehr als 16 Meter lang gewesen sein muss. Damit hätte er etwa die Größe eines *Busses*.

Huch! Da bin ich ja froh, dass der nicht mehr da ist!
Jawohl! Ich wäre mir nicht sicher, wie viele Surfer und Taucher sonst noch übrig wären . . .

Warum haben Schlangen keine Beine?

Weil sie sie verloren haben! Vor etwa 60 Millionen Jahren begannen viele Eidechsenarten, ihre Gliedmaßen zu verlieren, weil sich herausstellte, dass sie ohne diese besser dran waren. Einige endeten mit geschrumpften Gliedmaßen, andere nur mit Hinterbeinen und wieder andere ganz ohne Beine. Letztere wurden im Laufe der Zeit zu den Schlangen.

Sie haben sie verloren? Du willst mir doch nicht sagen, dass Schlangen früher Beine hatten?
Doch, das ist richtig. Hatten sie.

Aber wie kann man die denn verlieren?
Na ja, es ist nicht ganz so, als ob man sein Pausenbrot oder seine Schultasche verliert. Sie haben nicht einfach eines Morgens ihre Höhlen verlassen, sind auf Mäusejagd geschlängelt und haben plötzlich innegehalten und gedacht: Huch! Ich habe ja meine Beine vergessen. Wie das meiste in der Evolution, ist auch das nicht über Nacht geschehen. Es hat Tausende von Jahren gedauert, bis die Fische Beine entwickelt haben (und zu Eidechsen wurden), also hat es wahrscheinlich auch Tausende von Jahren gedauert, bis die Schlangen sie *rück*gebildet (oder *rück*-entwickelt) haben.

Tiere können auch etwas zurück-bilden?
Also, technisch gesehen ist es immer eine Weiterentwicklung. Aber wenn du damit meinst, »können sie auch Merkmale, die sie mal gewonnen haben, durch die Evolution wieder verlie-

ren«, dann ja – sie können es und sie tun es auch. Und Schlangen sind dafür nicht das einzige Beispiel. Wale und Delfine stammen ebenfalls von Tieren mit Beinen ab und haben sie verloren, als sie ins Wasser zurückkehrten. Andere Tiere hatten (und verloren) Schwänze, Fell, Federn . . . und sogar Augen und Ohren. Es hängt immer davon ab, was man zum Überleben braucht und was nicht. Die natürliche Auslese kümmert sich nicht darum, wie ein Tier aussieht. Einige leben, einige sterben, einige vermehren sich, andere scheitern und am Ende überleben nur die, die am besten angepasst sind, unabhängig davon, wie sie aussehen (oder ob sie ihre Beine vielleicht sogar toll fanden. Na vielen Dank auch!).

Und wie lief das nun mit den Schlangen ab?
Die vierbeinigen Vorfahren der Schlangen waren Eidechsen, die zur gleichen Zeit wie die Dinosaurier lebten, während der Kreidezeit, vor über 65 Millionen Jahren. Sie spezialisierten sich darauf, durch Erde, Sand, Sumpfgras und saftige Wiesen zu gleiten, um dort ihre Beute zu finden oder gefährlichen Raubtieren zu entkommen. Einmal an diesen Lebensstil angepasst, wurde deutlich, dass Gliedmaßen eher ein Hindernis als eine Hilfe waren.

Warum denn das?
Na, stell dir vor, du würdest durch einen schmalen Tunnel gleiten und hättest einen prallen Rucksack dabei, der auf jeder Seite absteht. Wenn du in engen Höhlen und Durchgängen lebst und jagst, macht alles, was von deinem Körper absteht, schnelle Bewegungen schwieriger. Für diese urzeitlichen, schlangenartigen Eidechsen konnte das den entscheidenden Unterschied zwischen Mittagssnack und Hunger ausmachen, zwischen Gefangenwerden und Entkommen.

Okay. Das klingt logisch.
Durch natürliche Veränderungen (oder Mutationen) in ihrer DNA tauchten einige Echsen mit kleineren (also reduzierten) Gliedmaßen auf. Und sie überlebten und vermehrten sich erfolgreicher als jene mit den abstehenden Gliedmaßen. Und so tauchten im Laufe der Zeit zwei neue Gruppen im Tierreich auf.

Innerhalb der großen Gruppe der Schuppenkriechtiere entwickelten sich nun auch Echsen mit geschrumpften oder mit nur einem Paar Gliedmaßen (entweder vorn oder hinten). Diese Tiere ordnet man heute der Familie der Skinke (Glattechsen) zu. Darin befinden sich auch viele bekannte Echsen, die ihre Beine behalten haben. Parallel dazu entstanden die Schlangen in einer eigenen Untergruppe. Das war vor über 100 Millionen Jahren! Und auch sie stellten sich als großer Renner heraus. Heute gibt es über 3.000 Schlangen auf der Welt, dazu gehören auch die Blindschlangen, Seeschlangen, Baumschlangen und sogar fliegende Schlangen!*

Das ist ja total verrückt. Und woher wissen wir all das? Woher wissen wir, dass die Schlangen nicht von irgendwelchen beinlosen Tieren abstammen? Zum Beispiel von Würmern oder so.
Teilweise wissen wir es durch fossile Funde. Wir haben uralte, an Land lebende Reptilien gefunden, die kurz davor waren, ihre Beine zu verlieren. Teilweise wissen wir es auch von heute lebenden Schlangenarten, denn: glaub es oder nicht, einige von ihnen haben immer noch Hüften und Beinknochen – versteckt unter ihrer schuppigen Haut!

---

* Eigentlich können sie nicht fliegen, sondern sie hüpfen und segeln zwischen den Bäumen, indem sie ihren Körper abflachen. Was trotzdem noch ein ziemlich raffinierter Trick ist.

Das gibt's doch nicht!
Doch, das ist wahr. Die Riesenschlangen (Boidae), wie der Python und die Boa constrictor, haben, verbunden mit ihrer Wirbelsäule, kleine Becken (oder Hüftknochen) und Oberschenkelknochen, die man auf Röntgenbildern leicht erkennen kann. Außer natürlich, du gehst davon aus, dass Pythons und Boas gerade im Begriff sind, sich wieder Beine wachsen zu lassen . . .

Wow. Schlangen mit Beinen. Ich bin immer davon ausgegangen, dass Schlangen schon immer ohne Beine waren. Immerhin macht das eine Schlange zur Schlange, nicht wahr?
Teilweise, ja. Aber Schlangen haben, abgesehen von ihrer berühmten Beinlosig . . . hm . . . keit, auch noch ein paar andere einmalige Merkmale unter den Reptilien. Sie haben hohle Fangzähne, was einige Arten dazu nutzen, Gift zu spritzen, wenn sie zubeißen. Und sie sind die einzigen Wirbeltiere, die ihre Opfer im Ganzen verschlucken.

Wow – und warum machen sie das?
Was meinst du – die giftigen Bisse oder die Beute im Ganzen zu verschlucken?

Beides.
Also – das Gift entstand aus dem einfachen Speichel oder dem Verdauungssaft und hat sich daraus langsam zu einem meist nervenbetäubenden Gift entwickelt. Es begann wieder mit einer zufälligen Mutation und im Laufe der Zeit war es logischerweise für die Schlangen mit dem giftigeren Speichel einfacher, ihre Beute zu töten. Insbesondere erlaubte es ihnen, auch immer größere Tiere anzugreifen – sie bissen ihre Beute einmal und zogen sich dann in sichere Entfernung zurück, während sie dem Gift erlag. Nach und nach entwickelten die

meisten Schlangen größere Reißzähne (mit denen sie noch besser beißen konnten) mit Rillen oder Hohlräumen, in denen das Gift noch leichter von den Speicheldrüsen abgegeben werden konnte.

Einige Schlangenarten schlugen einen anderen Weg ein, ihre Beute zu töten: Pythons, Anakondas und Boas constrictor wuchsen einfach zu riesigen Muskelmonstern heran, groß und kräftig genug, sich um ihre Opfer zu wickeln und sie bis zum Ersticken zu quetschen.

Aber in jedem Fall hatten diese Schlangen ein Problem. Sie konnten zwar Tiere töten, die größer als ihr eigener Kopf waren (Ratten, Vögel oder Frösche und manche sogar in der Größe von Schweinen oder Wild). Aber wie sollten sie diese zerkleinern und zerkauen ohne kräftige Kiefer und Zähne? Und wie sollten sie etwas so Großes herunterschlucken, ohne dabei zu ersticken?

Na, und wie machen sie das?

Sie renken ihr Gesicht aus. Genauer gesagt, ihre Kiefer- und Schädelknochen. Anders als Säugetiere haben Schlangen 17 bewegliche Verbindungen in ihrem Schädel und Kiefer, welche alle durch Bänder gehalten werden. (Menschen haben im Vergleich dazu nur ein Gelenk zwischen ihrem festen Schädel und dem einen Kieferknochen.)

Schlangen können ihren Schädel praktisch in zwei Teile aufklappen und dann die linke und rechte Seite der Kiefer unabhängig voneinander bewegen. So sind sie in der Lage, ihr Maul und ihren Kopf über das übergroße Opfer »laufen« zu lassen. Und um währenddessen weiter Luft schnappen zu können, lassen sie ihre Luftröhre nach vorne gleiten, unter den riesigen, fleischigen Happen in ihrem Maul – ein bisschen so, als ob sie schnorcheln würden.

Stell dir vor, du würdest einen kompletten Hamburger (oder einen Apfel), ohne zu kauen, herunterschlucken. Tja, Schlangen können Beutetiere, die viel größer sind als sie selbst, herunterschlucken – ungefähr so, als würdest du eine ganze Ente oder eine ganze Ziege verschlucken.

Krass! . . . Aber irgendwie genial! Ich wünschte, ich könnte das!
Denk nicht einmal daran. Wir Säugetiere haben unsere Zähne aus gutem Grund entwickelt. Und da du deine Kieferknochen, deinen Schädel und deine Luftröhre nicht bewegen kannst, würdest du ersticken, wenn du auch nur einen kleinen Bissen unzerkaut verschlucken würdest. Jedes Jahr ersticken Menschen an Erdnüssen. Also höre auf deine Mutter, wenn sie sagt, du sollst dein Essen ordentlich kauen.

Abgesehen davon wäre es ziemlich eklig für deine Freunde, die dir zusehen müssten. Also ich weiß genau, dass ich nicht neben dem »Schlangen-Jungen« beim Mittagessen sitzen wollte . . .

Gruselige Schlangen-Fakten

Die längste Schlange der Welt ist der Netzphyton, welcher Längen von über zehn Metern erreicht – das ist etwa so lang wie ein normaler Bus.

Die tödlichste Schlange der Welt ist weder die Königskobra (die in Asien lebt) noch die gefürchtete Diamant-Klapperschlange (die in Nordamerika lebt). Es ist der seltene Inlandtaipan, der in Zentralaustralien heimisch ist. Die Giftmenge eines Bisses reicht theoretisch aus, um 100 Menschen oder über 250.000 Mäuse zu töten.

Zu den kleinsten Schlangen der Welt gehört die Familie der Schlankblindschlangen (Leptotyphlopidae). Die kleinste Schlange ist die erst vor Kurzem auf der Insel Barbados entdeckte Art Leptotyphlops carlae, die nur eine Länge von etwa zehn Zentimetern erreicht, was ihr den Spitznamen »Mikroschlange« eingetragen hat.

Springende Lanzenottern können bis zu einem Meter über den Boden springen und wenigstens zwei Arten der Baumschlangen können fliegen (oder besser gesagt, durch die Luft segeln), indem sie ihren Brustkorb abflachen und sich dann vom Baum schleudern.

Speikobras können ihr Gift bis zu einer Entfernung von zwei Metern auf ihr Opfer spritzen. Meist zielen sie dabei auf die Augen ...

Warum schlucken und quaken Frösche ständig?

Sie schlucken beim Atmen, weil sie – anders als wir – die Luft in ihre Lungen pressen müssen, indem sie sie herunterschlucken. Das Quaken wiederum ist das Lied der Frösche. Damit beeindrucken sie ihre Partner, markieren ihr Territorium oder quatschen einfach übers Wetter!

Frösche schlucken die Luft, um zu atmen? Warte mal – haben Frösche Lungen, Kiemen oder was?

Beides. Und die meisten von ihnen können auch durch ihre Haut atmen.

Wie bitte?

Das stimmt. Frösche, Molche und Salamander bilden den größten Teil der Klasse der Amphibien (oder Lurche) – die erste Gruppe von Wirbeltieren, die sich so entwickelte, dass sie sowohl im Wasser als auch an Land leben konnte. (»Amphibie« bedeutet auf Griechisch »doppellebig« oder »auf beiden Seiten«, was auf hübsche Weise ihre Angewohnheit, die Lebensräume zu wechseln, beschreibt.) Innerhalb dieser Klasse bilden die Molche und Salamander die Ordnung der Schwanzlurche (oder *Caudata*), während Frösche und Kröten zu den schwanzlosen Froschlurchen (auch *Anura* oder *Salienta* genannt) gehören. Du kannst dir wahrscheinlich denken, warum.

Frösche, Kröten und Unken atmen als junge Kaulquappen durch ihre Haut und durch Kiemen, da sie ausschließlich im Wasser leben. Wenn sie ihre Beine ausbilden, entwickeln sie auch Luftsäcke oder *Lungen*. Bei ausgewachsenen Fröschen oder Kröten übernehmen diese fast die gesamte Atemarbeit – obwohl sie auch immer noch durch ihre Haut atmen. Das ist einer der Gründe, warum Frösche, Kröten und Unken meist an nassen oder feuchten Orten leben, wie Teichen, Flüssen oder im Regenwald: Sie müssen ihre Haut feucht halten, damit Sauerstoff aus der Luft aufgenommen werden kann. Der andere Grund ist natürlich, dass die meisten* Frösche und Kröten ihre Eier im Wasser legen.

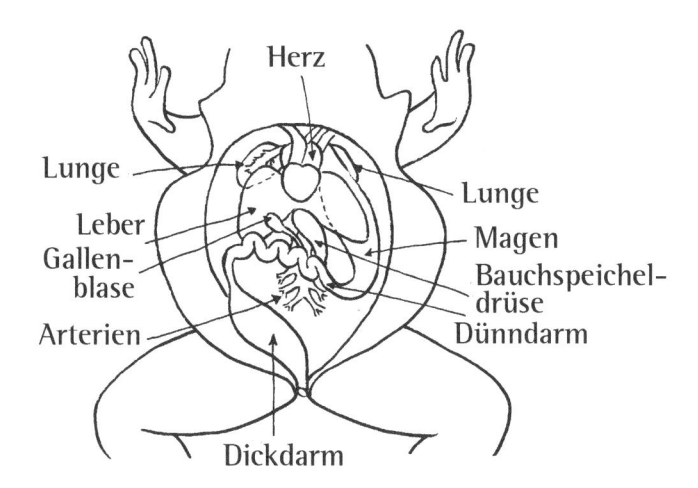

Abbildung: Innere Organe eines Frosches mit Beschriftungen: Herz, Lunge (2x), Leber, Gallenblase, Arterien, Magen, Bauchspeicheldrüse, Dünndarm, Dickdarm.

Wie ist es mit Molchen? Können die auch durch ihre Haut atmen?
Bei Molchen und Salamandern ist es ein bisschen komplizierter. Während die meisten von ihnen durch ihre Haut atmen können, haben einige Lungen, andere wiederum nicht.

Die meisten Molche und Salamander haben als Jungtiere gefiederte Außenkiemen. Diese werden später zu inneren Kiemen, welche die ausgewachsenen Tiere während ihres ganzen Lebens im Wasser nutzen. Eine Art, die gespenstischen mexikanischen Axolotl, behält ihre gefiederten Kiemen auch als ausgewachsene Tiere, was sie ihr ganzes Leben lang wie ein

---

* Ich sage »die meisten«, denn nicht alle tun das. Die Weibchen des argentinischen Nasenfrosches *(Rhinoderma darwinii)* legen zum Beispiel ihre Eier im Wald, anschließend kommen die Männchen, sammeln diese auf und tragen sie in ihrem Kinnbeutel (oder Stimmbeutel) umher! Dort schlüpfen aus den Eiern kleine Kaulquappen, die der Vater ins Wasser spuckt, wenn sie zur Hälfte ausgewachsen sind.

Riesenbabysalamander aussehen lässt. Einige Salamander bilden Lungen, verlieren ihre Kiemen und bleiben dennoch im Wasser. Um zu atmen, müssen sie wie Delfine an die Oberfläche kommen. Anderen wiederum fehlen sowohl Lungen als auch Kiemen. Sie verbringen ihr ganzes Leben an Land und atmen nur durch ihre feuchte Haut. Bei einer Trockenphase kommen die Jungs allerdings in echte Schwierigkeiten – denn wenn ihre Haut austrocknet, können sie nicht atmen und ersticken in kürzester Zeit.

Alle diese merkwürdigen und wunderbaren Angewohnheiten bieten natürlich einen Hinweis darauf, wie sich diese Tiere entwickelten. Amphibien haben die längste Geschichte aller Wirbeltiere. Die modernen Frösche, Kröten, Molche und Salamander entwickelten sich vor über 200 Millionen Jahren aus den Fleischflossern (auch Muskelflossern genannt), gerade als die Dinosaurier anfingen, das Land zu erobern.[*] Reptilien und Säugetiere entwickelten sich aus einer Gruppe von an Land lebenden molchähnlichen Tieren mit Lungen, die begonnen hatten, einen immer größeren Teil ihres Lebenszyklus an Land zu verbringen.

Das haben sie auch gut gemacht.
Was meinst du?

Nun, wenn sie sich aus einer der anderen Gruppen entwickelt hätten, müssten wir ja immer noch durch unsere Haut atmen!
Tiere von unserer Größe wären *niemals* in der Lage, nur durch ihre Haut zu atmen. Unsere großen Körper brauchen mehr Sauerstoff als die kleineren Tiere, also bräuchten wir auch eine größere Oberfläche, um den Sauerstoff und die Abfallga-

---

[*] Mindestens ein Wissenschaftler hat tatsächlich schon in Erwägung gezogen, dass die Frösche ihre schnellen Sprünge entwickelten, damit sie hungrigen Dinosauriern entkommen konnten!

se auszutauschen. Glücklicherweise bieten unsere Lungen diesen zusätzlichen Raum. Würdest du die ganzen winzigen verzweigten Röhrchen und Lungenbläschen auseinandernehmen, hätten sie ungefähr die Größe eines Tennisplatzes.

Ja – und wenn wir nur durch unsere Haut atmen würden, könnten wir auch keine Klamotten mehr tragen, ohne zu ersticken. Also wären alle die ganze Zeit nackt. Sogar Eltern! Na iiihhh!
Ja . . . stimmt.

Also haben Frösche Lungen wie wir, oder?
Nicht ganz. Unsere Lungen unterscheiden sich von denen von Fröschen und anderen luftatmenden Amphibien insofern, dass wir Lungenmuskeln haben – der wichtigste ist das große, flache Zwerchfell, das unter der Lunge liegt. Damit weiten wir die beiden Luftsäcke in unserer Brust, um Luft einzusaugen.

Fröschen wiederum fehlen diese Lungenmuskeln. Also benutzen sie stattdessen ihr Maul und ihre Halsmuskeln. Um einzuatmen, saugt der Frosch durch die Nasenlöcher Luft in sein geschlossenes Maul und schluckt sie dann herunter, um sie in seine Lungen zu pressen. Das tut er, indem er die Unterseite seines Maules hebt oder senkt, was ihn aussehen lässt, als ob er alle paar Sekunden irgendetwas schluckt.

Ah, das erklärt die ganze Schluckerei. Aber wie ist es mit dem Quaken?
Auf eine Art hängt das mit dem Atmen zusammen. Viele Froscharten haben unter ihrem Maul einen großen, dehnbaren Kehlsack. Dieser Sack kann sich ausdehnen und noch zusätzliche Luft einsaugen, wenn der Frosch einen tiefen Atemzug nimmt. Zieht er die Muskeln in dem Sack zusammen, kann der Frosch die Luft durch die Luftröhre in die Lungen hinein- und

herausbewegen. Dabei werden die Stimmbänder zum Vibrieren gebracht. Und das erzeugt das Quaken.

Durch das Zusammenziehen und das Vibrieren der Kehlsäcke und Stimmbänder auf verschiedene Art können verschiedene Froscharten ziemlich unterschiedliche Töne erzeugen. Einige Frösche klingen wie Glocken, Gongs oder Pfeifen, andere wie tropfende Wasserhähne, Rülpser, Autohupen oder Klarinetten. In den Regenwäldern Brasiliens oder auf Borneo gibt es so viele Froschgeräusche, dass es sich anhört, als ob ein komplettes Froschorchester spielt, und zwar die ganze Nacht.

Na ja, mal abgesehen davon, dass es nicht viele Orchester gibt, in denen Pfeifer und Rülpser neben den Violin- und Klarinettenspielern sitzen.
Stimmt auch wieder. Aber wenn doch, dann könnten sie bestimmt Molch-insky spielen . . .

Stöhn.
Oder vielleicht ein bisschen Kröt-hoven.

Du meine Güte!
Quak-quak-quak-QUAAAAK!

Tierkategorien

Teste auf den nächsten Seiten dein Wirbeltier-Wissen, indem du für jeden Anfangsbuchstaben den Namen einer Art findest.

Die erste Zeile (also alle Wirbeltiere, die mit dem Buchstaben »F« anfangen) haben wir bereits für dich ausgefüllt. Fülle nun die leeren Zeilen für alle fünf Kategorien mit Tiernamen, die jeweils mit dem Buchstaben am Anfang beginnen.

Du kannst das auch mit deinen Freunden spielen, indem du in jeder Runde einen neuen Buchstaben ausrufst. Wer innerhalb von 30 Sekunden die meisten Namen mit diesem Buchstaben gefunden hat, gewinnt. Ihr könntet sie entweder schnell auf Papier kritzeln oder – falls du zum Beispiel in einem Auto unterwegs oder sonst wie auf Reisen bist – einfach rufen und auf diese Art die Punkte sammeln. Schreit bloß nicht zu laut – sonst nervt ihr eure Eltern. Außer natürlich, sie spielen mit ...

Buchstabe	Fisch	Amphibie
F	Flunder	Frosch
S		
T	Thunfisch	
K		
R	Rochen	
G		Grottenolm
A		Agakröte
B		
E		
M		Molch

Große mit Wirbelsäule

Reptil	Vogel	Säugetier
Faltengecko	Falke	Fuchs
		Stinktier
	Tölpel	
Königspython		
Axolotl		
Brillenkaiman		
		Erdferkel

Könnten die Dinosaurier jemals zurückkommen?
Einige sind niemals verschwunden! Viele der kleineren Dinosaurier starben nie aus. Sie entwickelten sich zu den Vögeln, die du jeden Tag siehst. Was alle anderen Dinos betrifft, scheint das unwahrscheinlich zu sein. Es ist immer noch unmöglich, sie anhand der gefundenen, uralten DNA im Stil von Jurassic Park zu klonen. Und selbst wenn wir das könnten, wäre die Erde von heute ein ziemlich rauer Ort für einen Dinosaurier.

Sie sind nie verschwunden? Du meinst, sie sind immer noch hier?
Auf eine Art, ja. Weißt du, nicht alle Dinosaurier starben aus. Und viele der großen Reptilien, die starben, waren sowieso keine Dinosaurier.

Hä?
Lass es mich erklären. Das Wort »Dinosaurier« stammt aus dem Griechischen und bedeutet »schreckliche Eidechse«.* Es beschreibt zwei große Hauptgruppen von Reptilien, die vor 205 bis 65 Millionen Jahren lebten. Diese zwei Gruppen waren die Vogelbeckensaurier (oder *Ornithischia*) und die Echsenbeckensaurier (oder *Saurischia*). Wie du dir vielleicht schon denken konntest, wurden diese beiden Gruppen nach der Form ihrer Beckenknochen benannt. Je nachdem, ob diese wie jene von Vögeln (also nach hinten gekippt) oder wie die von Echsen (nach vorne gekippt) geformt waren. Verstanden?

---

* In den meisten Büchern wird Dinosaurier mit »schreckliche Eidechse« übersetzt, genauer wäre eigentlich »gewaltige Eidechse«. Was auch besser zu ihnen passen würde, wie ich finde. Denn sie waren gar nicht so schrecklich, aber in meinem Augen ziemlich gewaltig und vor allem gewaltig beeindruckend.

Verstanden.

Gut. Also die Ornithischia waren alle Pflanzenfresser, selbst die gepanzerten *Stegosaurier* und *Ankylosaurier,* der dreihörnige *Triceratops,* die känguruähnlichen Ornithopoden (die häufigsten waren die elefantengroßen *Iguanodon)* und viele andere.

Die Saurischia wiederum unterteilten sich in zwei Gruppen. Erstere waren die riesigen, vierbeinigen, pflanzenfressenden **Sauropoden.** Dazu gehörten *Diplodocus, Apatosaurus* und der gewaltige *Brachiosaurus,* welcher bis zu 25 Meter lang war und bis zu 90 Tonnen wog (das sind 15 bis 20 ausgewachsene Elefanten). Zu der zweiten Gruppe der Saurischia gehörten die zweibeinigen, fleischfressenden **Theropoda.** Der flinke *Velociraptor,* der Furcht einflößende *Tyrannosaurus Rex* und der noch größere (und noch erschreckendere) *Gigantosaurus* sind nur drei ihrer Vertreter. Merk dir diese Jungs. Wir kommen noch auf sie zurück.

Doch die Dinosaurier waren nicht die einzigen großen Reptilien. In der Luft gab es die fliegenden Pterosaurier (zu ihnen gehört auch der berühmte *Pterodactylus)*. In den Ozeanen lebten die nessieähnlichen *Plesiosaurier* und die delfinartigen *Ichthyosaurier*. An Land der *Dimetrodon* mit seinem Rückensegel sowie noch viele andere.

Also waren die Letzten gar keine Dinosaurier?

Nein. Zwar halten die meisten Leute Ptero-, Plesio- und Ichthyosaurier auch für Dinosaurier, aber genau genommen waren sie das nicht. Es waren einfach große, prähistorische Reptilien. In jedem Fall beherrschten all diese mächtigen Reptilien die Erde über 150 Millionen Jahre lang. Doch traurigerweise nahmen vor etwa 65 Millionen Jahren, am Ende der Kreidezeit, alle dasselbe Ende.

Was genau ist denn passiert? Wie sind sie gestorben?
Soweit wir es heute sagen können, verschwanden die Dinosaurier durch eine Reihe von Ereignissen am Ende der Kreidezeit. Dazu gehörten massive Vulkanausbrüche, das Aufschlagen riesiger Asteroiden (einer von ihnen donnerte nahe der Küste von Mexiko in den Ozean) und eine Periode von raschen, katastrophalen Klimaänderungen.

Was auch immer genau geschah, am Ende der Kreide waren die meisten der Dinosaurier verschwunden – zusammen mit vier Fünfteln aller Pflanzen, einem Drittel aller Säugetiere und bis zu 65 % aller Tierarten weltweit.

Doch verschwanden sie nicht alle auf einmal. Einige kämpften für Zehntausende von Jahren ums Überleben, und während so ziemlich alle Ornithischia ausstarben, überlebte ein guter Teil der Saurischia und entwickelte sich weiter.

Warte mal einen Moment – das ist die Gruppe, zu der Velociraptor und Tyrannosaurus Rex gehörten, stimmt´s?
Richtig.

Abgefahren. Wo sind sie also abgeblieben?
Leider sind die größten der Therapoda alle gestorben. Einige der kleineren bildeten Federn und, mit der Zeit, Flügel. Während also die meisten der großen prähistorischen Tiere starben, lebte eine gute Zahl der Saurischia in ihren modernen Nachfahren weiter – nämlich den Vögeln.

Wirklich? Also Vögel wie Hühner und Spatzen und Strauße?
Wirklich. Genau betrachtet ist es gar nicht so ein großer Sprung. Beobachte nur mal, wie ein Huhn oder ein Strauß manchmal läuft. Schau dir nur die schuppigen Beine an, stell ihn dir ohne Federn vor und: Puff, da ist er – der Mini-*Velociraptor*.

Jaja. Aber ein hühnergroßer Dinosaurier ist nun wirklich nicht besonders gruselig.
Bis zum 17. Jahrhundert hättest du noch einen viel größeren, gruseligeren Nachkommen der Dinosaurier auf der Insel Madagaskar finden können. Der etwa drei Meter hohe, flugunfähige Elefantenvogel war etwa halb so groß wie Stegosaurus, aber immer noch groß genug, um dich mit einem gut gezielten Tritt übel verletzen oder töten zu können. Bedauerlicherweise reichte das nicht, um ihn vor den menschlichen Jägern zu schützen, die ihn so gründlich verfolgten, dass er vor etwa 400 Jahren ausstarb.

Einen von denen zu sehen, wäre ziemlich cool. Aber warum mussten all die Großen sterben? Ich meine, die waren so cool. Andere große Echsen wie die Krokodile sind doch so alt wie die Dinosaurier, wie kam es, dass die Dinos starben, aber sie nicht.
Das wissen wir nicht ganz genau. Mit ziemlicher Sicherheit können wir aber sagen, dass die Haie und Krokos einfach besser angepasst waren an die Änderungen der Umweltbedingungen vor 65 Millionen Jahren, als die Dinosaurier verschwanden. Vielleicht hatte es etwas mit ihrer Größe und dem

Konkurrenzkampf zu tun. Große Tiere brauchen auch größere Mengen an Nahrung, vielleicht war es für Tiere, die größer als Haie oder Krokodile waren, auch viel schwieriger, genug Futter zu finden.

Große Reptilien haben auch größere Schwierigkeiten, ihre Körpertemperatur zu regulieren (weshalb Krokodile und Alligatoren auch nur in tropischen oder subtropischen Gebieten leben). Ohne Fell oder Federn hatten es die großen Dinosaurier – im Vergleich zu Krokos und kleineren Reptilien – wahrscheinlich auch schwerer, sich in den kalten Wintern, die auf die Asteroideneinschläge, Vulkanausbrüche und Klimaänderungen folgten, warm zu halten. Das könnte auch erklären, warum einige der kleineren Tiere Federn entwickelten und zu Vögeln wurden – am Anfang nicht des *Fliegens* . . . sondern der *Wärme* wegen.

Aus welchem Grund auch immer, wir wissen nur: Würden die Dinosaurier heute zurückkehren, es wäre eine ganz andere Welt als jene, in der sie sich entwickelten; eine Welt, in der es sehr hart für sie wäre, zu überleben und sich zu entfalten.

Aber die Dinosaurier waren stark! Niemand konnte einen Dinosaurier überwinden! Sie waren stärker als alle anderen!
Vielleicht. Vielleicht aber auch nicht. Zum einen entwickelten sie sich und eroberten die Erde, als es noch fast keine Säugetiere gab. Als die Dinosaurier ausstarben, füllten die Säugetiere alle Nischen und ersetzten sie in der Nahrungskette. Würden sie heute mit den gnadenlosen, eierfressenden Säugetieren konkurrieren, würde es ihnen wahrscheinlich gar nicht so gut gehen.

Außerdem waren die Dinosaurier auch nicht stärker als das *Klima*. Während der letzten Periode der Kreide war das Klima viel wärmer. Die Pole waren nicht von Eiskappen bedeckt und die Dinosaurier wanderten zwischen dem warmen, feuchten

Große mit Wirbelsäule

Nordamerika, Afrika, Asien und Europa und dem angenehm kühlen Russland, Kanada und Grönland hin und her. 65 Millionen Jahre später ist die Luft nun dünner, die Pflanzen sind ganz anders und die Welt ist – trotz der ständig steigenden Temperaturen durch die globale Erwärmung – insgesamt deutlich kühler.

Vor allem anderen war es das sich rasch ändernde Klima und die damit veränderte Umgebung, welche für das Ende der Dinosaurier sorgten. Könnte man sie in unsere heutige Welt beamen, würden sie es wahrscheinlich nicht besonders lange aushalten.

Alles klar – aber angenommen, wir könnten sie klonen? Und angenommen, die globale Erwärmung erhitzte die Erde so sehr, dass die Umweltbedingungen für die Dinosaurier viel geeigneter wären als für die Säugetiere? Und angenommen, sie brächen aus den Laboren aus und würden alle Säugetiere, uns eingeschlossen, verputzen? Würden dann die Dinosaurier wieder die Welt beherrschen?

Da gibt's eine Menge »Angenommen« in deinen Sätzen ... aber ich nehme an, das wäre möglich.

Ha! Das reicht mir schon!

Warte mal einen Moment – willst du *wirklich* von einem Dinosaurier gefressen werden?

Wen kümmert das schon! Dinosaurier sind einfach KLASSE!!!

(Seufz)

Fakten über Dinosaurier

Die große Mehrzahl der Dinosaurier waren Pflanzenfresser und keine Fleischfresser.

Der berühmte *Tyrannosaurus Rex* war gar nicht der größte fleischfressende Dinosaurier. Der größte bekannte *T. Rex* maß »nur« 13 Meter und wog fast zehn Tonnen, doch der Furcht einflößende *Spinosaurus* hatte ein prächtiges Rückensegel und hätte ihn mit seinen 16 bis 18 Metern locker überragt. Zum Glück für *T. Rex* lebte *Spinosaurus* Tausende von Jahren eher, sodass sie sich nie begegneten.

Viele Dinosaurier waren gefiedert und einige hatten wahrscheinlich auch recht bunte Farben wie die heutigen Pfauen und Papageien.

Die Männchen der Velociraptoren hatten gefiederte »Haardutts«, mit welchen sie wahrscheinlich die wählerischen Weibchen anzulocken versuchten.

6.
Mächtig prächtige Säugetiere

Lass mich dir eine Geschichte erzählen ... Die Geschichte einer großen Schlacht.
  Die Zeit: Kreide. Vor über 65 Millionen Jahren.
  Der Ort: Planet Erde. Aber nicht, wie wir ihn heute kennen.

Auf der Nordhalbkugel lagen Europa, Grönland und Nordamerika viel näher beieinander als heute und sie waren durch flache Landbrücken miteinander verbunden. Auf der Südhalbkugel lagen Afrika und Südamerika nur wenige Kilometer auseinander, da sich der Grund des Atlantiks noch nicht ausgedehnt und den heute so weiten Ozean zwischen ihnen gebildet hatte. Australien klebte noch an der Antarktis und Indien schwamm noch im schier endlosen Pazifik vor der Ostküste Afrikas und begann gerade erst seinen Weg nach Norden, um dann später auf Asien auflaufen zu können, wodurch sich die riesigen Berge des Himalaja formten ...
  Über 150 Millionen Jahre lang beherrschten gefräßige Reptilien – große und kleine – die Erde. Plesiosaurier mit langen Hälsen schwammen in den Ozeanen und fledermausflügelige Pterosaurier schossen durch die Lüfte, während riesige Brachiosaurier und Furcht einflößende Tyrannosaurier über das Land stampften. Zwischen ihren Füßen flitzten kleine, unbedeutende Säugetiere umher. Kaum größer als Wiesel oder Ratten, verputzten sie Pflanzen, Insekten und die Reste der fetten Beute der Riesenechsen – sie waren für Jahrtausende die Au-

ßenseiter der prähistorischen Welt. Doch das sollte sich bald ändern ...

Große Vulkane brachen aus und spukten Feuer und Schwefel in die Atmosphäre. Riesige Steinbrocken regneten vom Himmel herab, donnerten auf die Erde und ließen enorme Staubwolken aufsteigen, die die Sonne monatelang verdunkelten. Das Klima änderte sich, es folgten kältere, trockene Winter, die nur die Zähesten überstanden.

Die großen Echsen wurden auf eine harte Probe gestellt und kämpften ums Überleben. Die größeren von ihnen traf es hart, jedoch die größten am härtesten. Aber die Säugetiere zu ihren Füßen fanden Wege, zu überleben und zu gedeihen, und eine neue Weltordnung begann. In der harten, sich verändernden Welt kämpften die verbliebenen Reptilien und die aufsteigenden Arten der Säugetiere eine letzte Schlacht über die Herrschaft der Erde.

Am Ende zeichneten sich die Säugetiere als Sieger ab und herrschten als Könige unter den Wirbeltieren über die Reptilien. Als das neue Zeitalter begann, stampften riesige, haarige Säugetiere über die Erde, während ihre kleineren, beweglicheren Cousins in den Ebenen jagten, durch die Wälder pirschten, sich durch die Bäume schwangen oder sich sogar in den Himmel aufmachten. Die Reptilien wurden immer weniger, huschten in Höhlen oder glitten zu Füßen ihrer neuen Herrscher umher. Sie hinterließen nur ein paar wenige, große krokodilische Überbleibsel ihrer einstigen Herrlichkeit, die heute noch in den Flüssen lauern, von der »guten, alten Zeit« murmeln und rachsüchtig nach Säugetieren schnappen. Kleinere Geplänkel zwischen Schlangen und anderen Tieren setzten sich fort, aber das war eigentlich nicht mehr wichtig – die Schlacht war gewonnen. Die Säugetiere hatten die Erde geerbt und das Zeitalter der Reptilien war vorbei.

Ende.

Mächtig prächtige Säugetiere

Oder, besser gesagt, der *Anfang*. Denn nur SO, mein Freund, konnten wir großartigen Säugetiere die größte, weltverändernde Klasse von Tieren werden, die wir heute sind – von der kleinsten Maus bis zur längsten Giraffe, zum stärksten Elefanten, zum gewaltigsten Wal und zum klügsten Menschen.[*]

Lass uns nun zusammen unsere letzte Expedition starten, um die Herrscher in der Welt der Wirbeltiere zu treffen.

---

[*] Das bin ich. Ist ja klar. ☺

Wenn alle Säugetiere Milch geben, kriegen Kängurubabys dann Milchshakes?

Auch Kängurumamas produzieren Milch. Aber egal wie sehr sie hin und her hüpfen, Milchshakes für ihre Jungen werden leider nicht daraus. Dennoch ist die gute alte Muttermilch ein ziemlich beeindruckender Drink. Sie war eine der drei Geheimwaffen, mit der es die Säugetiere schafften, die Reptilien auszutricksen und sie als die machtvollsten Wirbeltiere auf dem Planeten zu ersetzen.

Also kein Milchshake. Puhh. Schade. Ich dachte, wenn das Minikänguru ein paar Erdbeeren oder Bananen in den Beutel schmuggelte, dann ...

Leider nein. Abgesehen von der Tatsache, dass Erdbeeren und Bananen nicht in den heißen, trockenen Outbacks Australiens wachsen, wird die Milch auch nicht im Kängurubeutel hergestellt. (Dort trinken die Jungen sie nur.) Trotzdem hübsche Idee.

Seufz. Okay, also – was ist denn jetzt so toll an der guten alten Muttermilch?

Dadurch dass wir selbst Säugetiere sind, neigen wir dazu, Milch als selbstverständlich anzusehen. Aber wenn man genauer darüber nachdenkt, ist es ein ziemlich beeindruckendes Zeug. Es ist leckere, nahrhafte, transportable Nahrung – von welcher Baby-Säugetiere monate- wenn nicht gar jahrelang überleben können, falls sonst *nichts* anderes vorhanden ist. Neben ein paar anderen Merkmalen ist die Fähigkeit, Milch zu produzieren das, was Säugetiere als solche *ausmacht*. Sie war es auch, die den Säugetieren den entscheidenden Vorsprung im uralten Kampf gegen ihre prähistorischen Rivalen, die Reptilien (über den wir in der Einführung dieses Kapitels gehört haben), verschaffte.

Ja, das war ja schon spannend und so, aber eine Sache habe ich nicht ganz kapiert.
Was?

Wie konnten die Säugetiere es schaffen, zu überleben und die Reptilien zu schlagen, wenn sie doch so klein und mickrig an den Start gingen?
Ahhh – gute Frage. Mit neuen Überlebensstrategien. Jetzt kommen die Kängurubeutel und die Muttermilch ins Spiel ...

Säugetiere waren die ersten Tiere, die ihre Jungen lebend gebaren – statt Eier zu legen. Reptilien, im Gegensatz dazu, legen Eier (abgesehen von wenigen Ausnahmen). Eier zu legen, bedeutet immer, dass man an Ort und Stelle bleibt bzw. nistet. Die Reptilieneltern müssen ihre schutzlosen, unbeweglichen Jungen verteidigen, während diese sich langsam in den Eiern entwickeln. Ansonsten riskieren sie, dass andere Tiere die Eier fressen. Selbst die Dinosaurier mussten sich darum kümmern. Und wahrscheinlich waren die kleinen Säugetiere, die Dino-Eier fraßen, auch eine der Ursachen, die sie letztendlich zur Strecke brachten.

Doch Säugetiere fanden einen Ausweg aus dieser Schwäche. Ihre Jungen lebend zu gebären, erlaubte ihnen, immer in Bewegung zu bleiben und ihre schwachen, watschelnden (aber immerhin beweglichen) Jungen auf der Suche nach Nahrung oder wenn sie sich vor Angreifern versteckten mitzunehmen (und so zu beschützen).

Einige Säugetiere (die Beuteltiere) machten es noch eine Nummer besser: Sie entwickelten Beutel, in denen sie ihre Jungen hüten konnten. Dadurch konnten sie sich noch *schneller* fortpflanzen, denn sie brachten Babys zur Welt, die nur wenig größer als Embryos waren, und sie konnten sie sicher und geschützt in den Beuteln transportieren und versorgen. Bis sie schließlich groß genug waren, um selbst zu laufen und ihrer Mutter zu folgen. Aus diesem Grund haben Kängurus – wie auch Wallabys, Opossums und andere Beuteltiere – einen Beutel.

Okay. Beutel sind also ein Plus für einige Säugetiere. Aber wieso half die Milch?

Milch erlaubt den Säugetieren, ihre schwachen, unentwickelten, verletzlichen Jungen während eines Lebens in ständiger Bewegung zu ernähren. Als Embryos ernähren sich die Jungen der Eier legenden Tiere von den Nährstoffen im Eidotter. Wenn sie Glück haben – und das Ei nicht zuvor aufgefressen wird –, schlüpfen sie. Langsam entwickeln sie sich dann zu ausgewachsenen Tieren und werden dabei meist von ihren Eltern nicht besonders beschützt. Denn diese verbringen die meiste Zeit auf der Suche nach Nahrung (denk nur an einen Vogel, der sein Nest verlässt, um Würmer zu fangen). Das setzte die Jungreptilien der Gefahr von Angriffen aus, auch nachdem sie schon geschlüpft sind. Nicht alle Reptilien kümmerten sich um ihren Nachwuchs – viele ließen ihre Jungen auch schon kurz nach der Geburt allein, sodass sie sich auch noch höchstselbst um ihre Nahrung kümmern mussten.

Säugetiere wiederum haben Milch produzierende Brustdrüsen (zumindest haben die Weibchen diese). Das lässt sie zu mobilen Nahrungsspendern werden, die literweise protein- und vitaminreiche Supernahrung für ihre Babys produzieren. Diese ständigen Vorräte an flüssigem »Super-Futter« lassen die Babys schnell wachsen, sodass sie eine größere Chance haben, überhaupt bis zum Erwachsenwerden zu überleben.

Faszinierenderweise können Kängurumütter drei verschiedene Milcharten produzieren – mit unterschiedlichen Mengen an Fett und Nährstoffen –, um ihre unterschiedlich alten Jungen zur selben Zeit füttern zu können. Ein winziges, nur wenige Tage altes Kängurujunges kann eine Sorte Milch innerhalb des Beutels nuckeln, während ein drei Monate altes Junges unter die Mutter hüpft und dort von einer Brustzitze Milch nach einem anderen Rezept bekommt. Kängurumütter haben die Milchproduktion sehr perfektioniert. Aber alle Säugetiere produzieren Milch und sie alle haben von der Sicherheit profitiert, die sie für ihre Jungen bietet.

Also das war es, was die Säugetiere gegenüber den Reptilien gewinnen ließ? Die Macht der Milch?
Zum Großteil, ja. Aber Säugetiere haben noch ein paar mehr Tricks im Ärmel. Oder besser gesagt an ihrem Körper.

Haare.

Haare?
Ja – Haare. Mit ein paar Ausnahmen sind alle Säugetiere haarig oder pelzig. Aber es gibt kein einziges Reptil und keine einzige Amphibie auf der Welt, die an einer Stelle auch nur ein Haarbüschel hat. Noch nicht einmal der Haarfrosch *(Tri-*

chobatrachus robustus). Stattdessen haben sie Schuppen. Ihnen fehlen jene besonderen Zellen, in denen die Haarfollikel wachsen. Haare lassen die Säugtiere nicht nur hübsch und niedlich aussehen, sie halten sie auch schön warm. Haare – die, dick gewachsen, auch Fell heißen – halten eine Schicht warmer Luft am Tierkörper, helfen beim Isolieren und bewahren die Körperwärme auch in kalten Umgebungen.

Reptilien fehlt diese Isolation und sie müssen sich tagsüber ordentlich sonnen (und nachts schlafen), um ihre Körpertemperatur konstant zu halten. Wir nennen sie deshalb auch »Kaltblüter« (oder ektotherm, also von außen erwärmt).

Säugetiere wiederum sind »Warmblüter (oder endotherm, also von innen erwärmt). Sie erzeugen in Ruhephasen mehr Wärme und halten ihre Körpertemperatur während des ganzen Tages (und nachts) ungefähr auf demselben Niveau. Ihr haariger oder pelziger Mantel (zusammen mit mehr Schichten an Körperfett) hilft ihnen bei der Isolierung.

Ihr warmes Blut, das extra Fett und die isolierenden Pelzmäntel erlaubten Säugetieren vielerlei Dinge, die Reptilien nicht konnten. Wie zum Beispiel nachts zu jagen, wenn die meisten Reptilien zusammengerollt und völlig bewegungslos schlafen, um Energie zu sparen. Oder sich in kälteren, weniger sonnigen Regionen der Welt auszubreiten – wie der Arktis, der Antarktis und auf hohen Berggipfeln –, wo die kaltblütigen Reptilien einfach nicht überleben konnten.

Deshalb gibt es also Eisbären und Polarfüchse, aber keine Schneeschlangen und Eisechsen?
Genau. Wir warmen, haarigen, Milch produzierenden Säugetiere können entspannt an Orten chillen, wo Reptilien einfach nur erfrieren würden.

Ja, aber wenn wir jetzt noch in der Lage wären, unser eigenes Milchshake zu machen, könnten wir echt chillen.
Na, können wir doch. Wir müssen halt nur elektrische Mixer dafür benutzen. Leider haben wir die Fähigkeit, Milchshakes zu produzieren, nicht entwickelt, da wir ganz gut ohne sie überleben können.

Ich nicht!
Okay. Dann nimm halt einen Mixer. Siehst du? Säugetiere können Milchshakes machen!

Beutelsäuger-Kreuzworträtsel mit Ehrengast*

Waagerecht:
1: *Sieht wie eine Mischung aus Biber und Stockente aus

Senkrecht:
2: Weltgrößter Beutelsäuger - quasi ein *Riese*
3: Sieht wie ein winzig kleines Känguru aus
4: Lange ausgestorbenes Tier mit eindrucksvollen Zähnen, sein lateinischer Name ist *Thylacoleo carnifex*
5: Eukalyptus liebender Baumkletterer, der oft für einen Bären gehalten wird
6: Das Opposum gehört zu dieser Beuteltierfamilie, die als einzige ursprünglich aus Nordamerika stammt.

(Lösungen ab Seite 198)

Wie groß kann ein Babywal werden?

Das größte Walbaby, das Blauwalkalb, hat bei der Geburt eine Länge von acht Metern und wiegt über drei Tonnen – das ist so ungefähr die Größe und das Gewicht eines Kleintransporters. Ein ausgewachsener Blauwal ist nicht nur das größte Tier auf dem Planeten, es könnte auch das größte Tier sein, das jemals lebte.

Das größte Tier überhaupt? Keine Chance! Einige Dinosaurier müssen doch mit Sicherheit um einiges größer gewesen sein als die Wale!

Nein. Die größten und schwersten bekannten Dinosaurier waren die Sauropoden und unter ihnen war *Brachiosaurus* der größte. Ein voll ausgewachsener *Brachiosaurus* brachte es auf 25 Meter Länge und wog dabei etwa 90 Tonnen. Im Gegensatz dazu ist ein *durchschnittliches* Blauwalweibchen etwa einen Meter länger und 30 Tonnen schwerer; es misst 26 Meter und wiegt 120 Tonnen.

Boah! Das ist ziemlich schwer!

Das ist noch gar nichts! Der größte gemessene Blauwal war 30 Meter lang und wog fast *200* Tonnen. Das ist fast das Doppelte vom *Brachiosaurus!*

Und wie kommt es, dass sie so groß geworden sind? Die Wale meine ich, nicht die Dinosaurier. Obwohl, die auch . . .

Beide entwickelten ihre enorme Masse wahrscheinlich als Verteidigung vor Angreifern. Im Grunde ist es ja so, dass man je größer man ist, umso weniger Angreifer hat. Es gab nicht viele, die es in der prähistorischen Welt mit einem Brachiosaurus aufnehmen konnten. Und in der heutigen Welt gibt es nicht viele, die einen großen Wal töten können (abgesehen von uns Menschen). Aber während die meisten Landtiere in ihrem Gewicht darin beschränkt sind, was ihre Beine tragen können, nutzen Wale einfach den Vorteil ihrer Salzwasserheimat, um ihre großen Körper zu stützen.

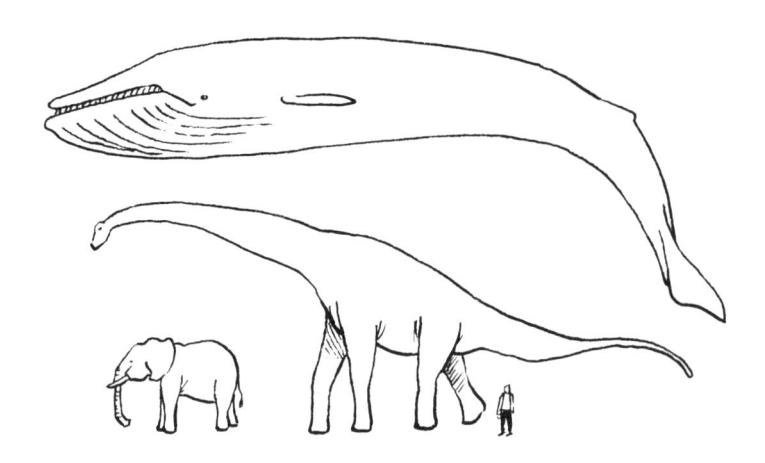

Wie machen sie das?
Durch den *Auftrieb*. Obwohl er so unglaublich schwer ist, schwimmt der Körper eines Wales doch, das heißt, er verdrängt genug Wasser, um noch zu schwimmen, und er taucht nur, wenn er das will. Indem sie das Wasser nutzen, um ihr Gewicht mitzutragen, konnten Wale größer werden als das an Land möglich gewesen wäre. Und während die größten Landtiere, die Afrikanischen Elefanten, aufrecht stehend vier Meter hoch werden können und vier bis sieben Tonnen wiegen, werden viele Wale *um einiges* größer. Schau mal auf die gegenüberliegende Liste.

Tierische Schwergewichte

Tier	Länge (in Metern)	Gewicht (in Tonnen)	Gewicht (in Elefanten)
Afrikanischer Elefant	4	5	1
Schwertwal	10	10	2
Buckelwal	14	40	8
Pottwal	18	45	9
Blauwal	26	120	24

Viele Wale sind also einige Male größer als die größten der Landtiere. Aber sie waren nicht immer so groß. Tatsächlich konnten sie erst so groß werden, als sie wieder ihren Weg zurück ins Meer gefunden hatten.

Zurück ins Meer?
Richtig. Zurück. Denn Wale sind – wie du ja weißt – Säugetiere. Und wie alle anderen Säugetiere Nachfahren jener Fische und Amphibien, die das Wasser verließen, um an Land zu leben. Dort entwickelten ihre Urahnen Beine, Lungen, warmes Blut, Fell und Milchdrüsen. Die ganze Reise vom Meer ans Land und wieder zurück dauerte über 300 Millionen Jahre. Aber im Zeitalter des Tertiär, ungefähr 15 Millionen Jahre nach dem Aussterben der meisten Dinosaurier, planschten die ersten Wale wieder glücklich in den prähistorischen Meeren.

Wale hatten früher mal Beine? Komisch. Wie sahen sie denn dann aus?
Wale fasst man in der Ordnung der Cetacea zusammen. Nicht nur Bartenwale wie der Blauwal sind darin enthalten, sondern auch Delfine, die zu den sogenannten Zahnwalen gehören.

Ihre nächsten *lebenden* Verwandten an Land sind wahrscheinlich die Flusspferde*. Ihre ältesten bekannten Vorfahren stammen aus der Gruppe der Archaeoceti (den Urwalen), welche vor über 50 Millionen Jahren in Flüssen und Sümpfen lebten. Sie hatten kurze (aber funktionierende) Gliedmaßen und wahrscheinlich trotteten sie zwischen Wasser und Land hin und her, während sie jagten, ihre Jungen aufzogen oder sich vor großen Raubtieren versteckten. Doch die Oberschenkelknochen (oder die Femuren) an ihren Hinterbeinen wurden immer kleiner und sie begannen, stromlinienförmig oder walförmiger auszusehen. *Ambulocetus* (»laufender Wal«), ein weiterer uralter Vorfahre der Wale, hatte etwa die Größe eines heutigen Seelöwen und bewegte sich wahrscheinlich auf ziemlich dieselbe Art. Im Wasser bewegten sie ihre Wirbelsäulen auf und ab, um zu schwimmen, und zogen ihre mit Schwimmhäuten versehenen Füße hinterher, während sie auf dem Land auf den Vorderbeinen liefen und ihre deutlich schwächeren Hinterbeine hinterherschleifen ließen.

Die modernen Wale und Delfine entwickelten sich wahrscheinlich aus den Archaeoceti, sie verloren im Laufe der Zeit ihre Hinterbeine komplett und entwickelten Flossen am Ende ihrer Schwänze, mit denen sie sich im Wasser vorwärtstreiben konnten. Außerdem wanderten ihre Nasenlöcher hoch auf ihre Köpfe und bildeten dort ein Blasloch, durch das die Wale atmen konnten, ohne den ganzen Kopf aus dem Wasser heben zu müssen.

Verrückt. Aber woher wissen wir das alles?
Hauptsächlich durch die fossilen Belege. Es wurden auf der ganzen Welt vollständige versteinerte Skelette von Archaeoteceten und anderen fehlenden »Bindegliedern« gefunden –

---

* Um mehr darüber zu erfahren, siehe auch Seite 169: »Wie schnell kann ein Wildpferd die Hufe schwingen?«

komplett mit den halb ausgebildeten Beinen. Dank des Skeletts des ältesten bekannten Cetacea (das ist der wissenschaftliche Name der Wale), des *Pakicetus,* den man in den frühen 1990er-Jahren in Pakistan gefunden hatte, konnten einige Rätsel, wie Wale und Delfine entstanden sind, gelöst werden. Fossilien wie diese bestätigten auch Darwins Theorie von der Evolution im Allgemeinen. Und das tun auch *lebende* Wale, wenn man nur genau hinschaut.

Wie denn das?
Na ja, die Körper der Wale sind, um es ganz offen zu sagen, für ein Wassertier alles andere als perfekt konstruiert oder ausgestattet. Sie sind ganz offensichtlich das un-vollkommene Ergebnis der natürlichen Auslese, die nur mit den zur Verfügung stehenden »Werkzeugen« und »Materialien« arbeiten kann.

Wale zum Beispiel können unter Wasser nicht atmen. Um Luft zu holen, müssen sie an die Oberfläche kommen. Dadurch verlieren sie kostbare Zeit beim Jagen und sie sind ständig in Gefahr zu ertrinken. Sie haben sich so entwickelt, dass sie beim Oberflächen-Atmen immer effizienter wurden, indem ihre Nasenlöcher hoch auf den Kopf wanderten und dort ein Blasloch bildeten. Aber es ist immer noch nicht so effizient, als wenn sie einfach Kiemen hätten (wie die Fische), um den Sauerstoff direkt aus dem Wasser zu extrahieren.

Und warum haben sie diese nicht einfach »wieder-entwickelt«?
Weil bei der Entwicklung zu Säugetieren die Kiemenknochen zu Kiefern und dem Innenohr umfunktioniert worden sind.*
Also hatte die Evolution nicht mehr das richtige Material für eine Umbildung zur Verfügung und musste eine »Notlösung« finden – also eine Entwicklung, die »gut genug« war, statt einer perfekten Lösung.

---
* Mehr dazu auf Seite 123.

Genauso war es auch mit ihren Körpern: Obwohl die frühen Wale sich wahrscheinlich *gut genug* im Wasser bewegten, waren sie nicht so flink und beweglich wie die meisten Fische. Das gilt für jene, die sie *fressen wollten*, sowie für jene (einschließlich der Haie), von denen sie *gefressen wurden*. Statt also fischähnliche Körper und Bewegungen zurückzubilden – was schwierig bis unmöglich gewesen wäre –, kam die natürliche Auslese einfach auf eine andere Lösung, die es den Walen erlaubte, im Wasser zu überleben.

Und das wäre?
Einige, wie die Blauwale, wurden einfach riesig groß, was die meisten Angreifer abschreckte. Diese Tiere lösten auch das »Fischfang-Problem«, indem sie einfach Plankton fraßen – sie entwickelten netzähnliche Barten, mit denen sie das Wasser filterten und pro Tag über eine *Tonne* der Kleinkrebse und Algen fingen.

Andere, wie die Delfine und Schweinswale, entwickelten ihre eigene Art und Weise zu schwimmen, nämlich mit einer Auf- und Abbewegung ihrer Schwanzflossen, was sie fast so schnell (oder manchmal sogar schneller) wie die mit seitlichen Flossen schwimmenden Haie oder Thunfische werden ließ. Wieder andere, wie die Pott- und Schwertwale, wurden richtig angriffslustig. Pottwale fressen Haie und riesige Kalmare, während Schwertwale andere Säugetiere unter anderem Robben, Schweinswale und sogar noch größere Wale erlegen.

Aber wahrscheinlich ist das Eindruckvollste, das Wale entwickelten, ihre *Intelligenz*. Buckelwale wandern Tausende von Kilometern quer durch die Ozeane und verständigen sich dabei über Entfernungen von über 3.000 Kilometern mit rumpelnden, tiefen Walgesängen (die eine Infraschallfrequenz[*] haben).

Delfine hingegen jagen in Gruppen Fische und kommunizieren dabei mit Infraschall-Klicklauten in rascher Folge. In Experimenten zeigten Delfine eine echte Intelligenz zur Lösung von Problemen und sie können ihr eigenes Abbild im Spiegel oder auf Videodarstellungen wiedererkennen. Außerdem sind sie bekannt für ihre verspielte, neugierige Natur – oft vergnügen sie sich stundenlang mit Schwimmern oder Tauchern.

Echt? Ich will auch mit ihnen spielen! Wo kann ich mit einem Delfin schwimmen oder einen Wal im Meer sehen?
Zurzeit noch an vielen Orten. Aber wenn wir sie nicht davor schützen, von Schiffen gerammt, in Fischernetzen gefangen oder von Walfängern harpuniert zu werden, werden sie nicht ewig da sein. Viele Arten der Wale und Delfine sind jetzt schon bedroht und eine Art, nämlich die Chinesischen Flussdelfine, ist sogar vor einigen Jahren schon ausgestorben!

Wow. Sie haben es geschafft, 300 Millionen Jahre auf dem Land und im Wasser zu überleben – und dann kommen wir mit einem großen Fischerboot? Das ist nicht fair.
Nein, ist es nicht. Und das ist auch der Grund, warum wir uns um sie kümmern sollten. Denn schließlich sind sie anmutig, verspielt, intelligent – und vor allem – unsere *Familie*. Wir klugen Säugetiere müssen zusammenhalten, denn einige von uns sind nicht so schlau, wie sie sein sollten.

---

[*] Infraschall ist für das menschliche Ohr nicht wahrnehmbar. Tiere wie Wale aber auch Elefanten können einen Teil des Frequenzspektrums hören und nutzen ihn zur Kommunikation.

Buchstabenmix von Wasser-Säugetieren

Entschlüssele diese Anagramme und entdecke acht verschiedene Säugetiere aus der Familie der Walfische.

WEINSSCHWAL

LATTGLAW

BALLAWU

WOLPATT

TWERCHWALS

RESSGROLÜMMRET

WANRAL

RENIEGMEFLINDE

(Lösungen ab Seite 198)

Wie schnell kann ein Wildpferd die Hufe schwingen?

Das weiß niemand so genau. Ein Vollblüter schafft bis zu 70 Kilometer pro Stunde über kurze Entfernungen, und das mit einem menschlichen Jockey auf dem Rücken. Ohne dieses zusätzliche Gewicht – und vom Überlebensinstinkt angetrieben statt von einer Peitsche – wird ein wilder Mustang sicher acht bis 16 Kilometer pro Stunde schneller rennen. In beiden Fällen verdanken die Pferde ihre Geschwindigkeit aber weder dem Jockey noch den Angreifern, sondern den Hufen an ihren Füßen.

Du meinst wirklich, ein Wildpferd wäre schneller? Aber wurden Rennpferde denn nicht so gezüchtet, dass sie schnell rennen?
Das stimmt schon. Es ist eine Form der künstlichen Auslese, welche seit Tausenden von Jahren stattfand, nämlich seit Menschen damit begannen, Pferde zu zähmen und zu züchten.

Aber davor hat schon die natürliche Auslese über Zehntausende von Jahren die langsamen Tiere von den schnellen ausgesondert – wie jeder, der schon einmal eine Herde wilder Mustangs hat rennen sehen, deutlich erkennt. Sie können über mehrere Kilometer eine Geschwindigkeit von 60 Kilometern pro Stunde halten – das schafft kein Rennpferd. Und ohne Reiter, dessen Gewicht sie runterzieht, könnten sie wahrscheinlich auch jedes Sieger-Vollblut hinter sich lassen, wenn sie müssten.[*]

Okay ... aber warum machen Hufe jetzt so einen großen Unterschied aus, wie schnell Pferde rennen können? Sind sie nicht nur so was wie die Reifen an einem Rennwagen?
Mehr so was wie die Reifen, die Räder und ein Großteil des Motors. Hufe bringen noch weit mehr, als dass sie nur Halt auf dem Boden geben und verhindern, dass Pferde beim Rennen

---

[*] Ob ihnen das auch mit dem Gewicht eines Jockeys auf dem Rücken gelingen würde, steht auf einem anderen Blatt. Gib jetzt deine Wette ab.

an den Füßen Blasen kriegen. Tatsächlich hat die Entwicklung der Hufe das ganze Bein des Pferdes neu geformt und sie lieferten die treibende Kraft, die solche Geschwindigkeiten überhaupt ermöglichte.

Wie denn das? Und was sind eigentlich Hufe?

Im Grunde genommen sind Hufe zylindrische, rund gewachsene Finger- oder Fußnägel. Sie sind aus demselben Zeug wie menschliche Fingernägel oder Tigerkrallen – aus den miteinander verbundenen Schichten des harten Proteins Keratin. Aber anders als Fingernägel oder Krallen haben sich Hufe so entwickelt, dass sie Gewicht tragen können. Bei vielen Huftieren tragen sie das *ganze* Gewicht der Beine und des Körpers.

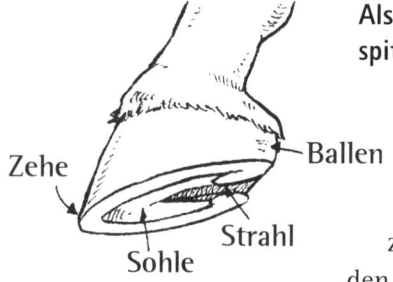

Also stehen Pferde auf ihren Zehenspitzen?

So ist es. Und wenn dich das nicht beeindruckt, dann versuch es einfach mal selbst. Es ist leicht, auf den Fußspitzen zu stehen und mit entsprechenden Schuhen können Ballerinas auch für einige Minuten auf den Zehenspitzen stehen. Aber auch die beste Ballerina der Welt kann nicht mehr als ein paar Sekunden auf ihren Zehen*nägeln* stehen ... geschweige denn damit *rennen* und *springen*.

Pferde hingegen können das. Denn *die ganze Form ihrer Beine* hat sich entsprechend an ihre Zehen angepasst. Um eine Vorstellung davon zu bekommen, wie sehr sie sich verändert haben, versuch einmal Folgendes: Schau dir die Knochen deiner Hände und Füße an. Nicht die Finger und die Zehen – nur die Hand- und Fußknochen. Stell dir nun vor, sie wären so weit verlängert, dass sie fast dieselbe Länge wie deine Unterarme und dein Schienbein hätten. Streck jetzt deinen Mittelfinger aus (guck dich aber vorher im Zimmer um, ob du alleine bist, damit du jetzt niemanden beleidigst), knick alle andern Finger in deine Handfläche ein und stell dir vor, dass dein Mittelfinger (einschließlich des Fingernagels) so breit wie deine ganze Hand ist.

Iiiihhh. Komisch.
Richtig. Aber im Grunde genommen geschah das mit den Pferden – und vielen anderen Huftieren – im Laufe der Evolution. Die Knochen der »Pferdehände« und »-füße« (die Mittelhandknochen oder die Mittelfußknochen) dehnten sich auf fast die gleiche Länge wie ihre »Unterarme« und »Schienbeine«. Ihre Mittelfinger und Zehennägel vergrößerten sich und alle anderen Finger und Zehen verschwanden vollständig. Bei anderen Huftieren blieben unterschiedlich viele »Finger« oder »Zehen« erhalten, doch bei Pferden, Zebras und ihren Verwandten war es nur einer, denn dies war zu ihrem rasanten Vorteil.

Aber wie konnte das geschehen? Wozu ist das gut?
Längere »Füße« und ein einzelner Huf erlaubten zwei Sachen: Erstens können Pferde so weiter ausschreiten und mit jedem Laufschritt mehr Boden gewinnen. Zweitens gibt es mehr Gelenke, die sich nach außen biegen lassen – im Unterschied zu den Fingergelenken, die sich alle nur nach innen*, zum Handballen hin biegen lassen. Das verleiht dem Pferd mehr Kraft

---
* Außer natürlich, dein großer Bruder biegt sie gemeinerweise in die andere Richtung. Jedenfalls sind sie nicht dazu gemacht, sich aus der Position zurückzubiegen.

beim Ausschreiten und es erhöht die Anzahl der Schritte, die ein Pferd pro Minute zurücklegen kann (die Schrittfrequenz). Diese zwei Charakteristika zusammen lassen das Pferd zu einer superschnellen Rennmaschine werden. Eine, die eigenartigerweise auf ihren Fußnägeln rennt.

Aber Geschwindigkeit ist nicht der einzige (oder hauptsächliche) Grund, warum sich so viele Tiere mit Hufen entwickelt haben. Pferde sind nur eine der mehr als 250 Arten von gehuften Säugetieren (oder *Huftieren*), von denen viele ihre Hufe aus ganz unterschiedlichen Gründen ausgebildet haben.

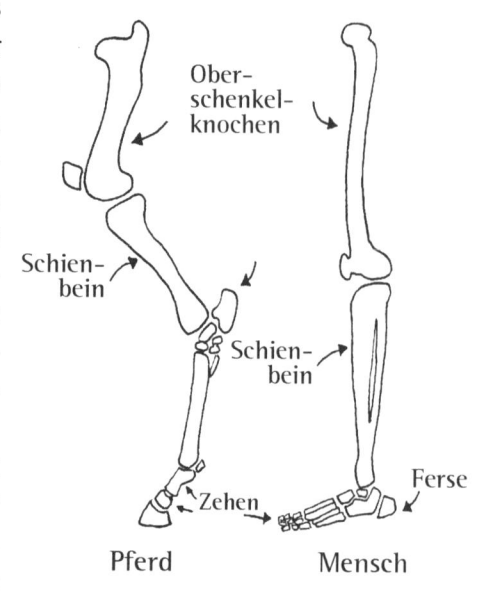

Üblicherweise unterschied man die Huftiere in zwei Gruppen – die mit einer ungeraden Anzahl von Zehen, die Unpaarhufer oder Unpaarzeher *(Perissodactyla* oder *Mesaxonia)* und jene mit einer geraden Anzahl von Zehen, Paarhufer oder Paarzeher *(Artiodactyla* oder *Paraxonia).*

Zu den Unpaarhufern gehören die einzehigen Pferde und Zebras (das ist die Familie der *Equidae)* wie auch die Nashörner *(Rhinocerotidae)* und die Tapire* *(Tapiridae).* Alle diese Tiere sind schnelle Renner – das in Afrika lebende Spitzmaulnashorn schafft in vollem Galopp Geschwindigkeiten von 50

---

* Tapire leben in den Urwäldern von Malaysia und Brasilien. Sie haben drei Zehen an jedem Hinterfuß, aber vorne vier. Sie können sehr gut schwimmen und nutzen dabei ihre langen, beweglichen Nasen als Schnorchel!

Kilometern pro Stunde und Tapire legen bei kurzen Sprints durch den Wald ein ähnliches Tempo hin. Diese Tiere haben ihre Hufe also hauptsächlich entwickelt, um Raubtieren zu entkommen.

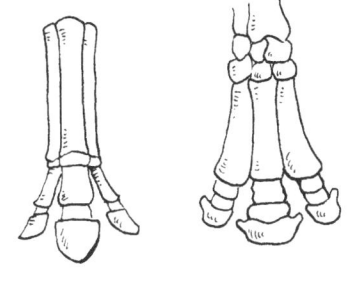

Zu den Paarhufern (also jenen mit einer geraden Anzahl von Zehen) gehören so unterschiedliche Tiere wie die Kamele *(Camelidae)*, Hornträger *(Bovidae* – wie unter anderem Antilopen und Rinder), Giraffenartige *(Giraffidae)*, Flusspferde *(Hippopotamidae)* sowie Hirsche *(Cervidae)*. Während Hirsche, Gazellen und Giraffen (jep! – auch die schaffen im vollen Galopp die 50 Kilometer pro Stunde) ihre Hufe wahrscheinlich für die Geschwindigkeit entwickelten, bildeten andere sie aus ganz anderen Gründen.

Okay – und welche waren das?
Kamele, Büffel, Bisons und Rinder haben sie vermutlich entwickelt, um ihre Füße zu schützen. Es verlieh ihnen die zusätzliche Ausdauer, die sie brauchten, um die langen Wanderungen durch das Flachland und die Wüsten Afrikas, Asiens und Nordamerikas immer auf der Suche nach neuem Grasland zu überstehen.

Andere, wie die Bergziegen

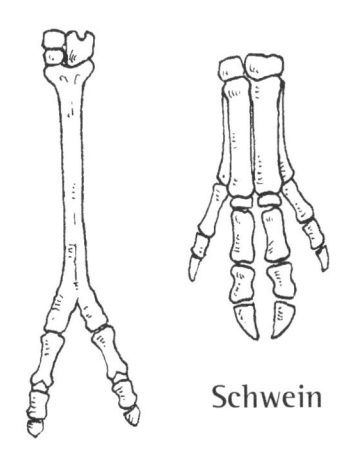

und Yaks (das sind langhaarige, kuhähnliche Tiere, die im Himalaja leben), haben sie vermutlich vor allem für einen festeren Tritt entwickelt, damit sie sicheren Fußes entlang der steinigen Bergklippen entkommen konnten. Und wieder andere, wie die Hausschafe und Kühe, hatten vielleicht früher mal Vorfahren mit Hufen, aber brauchen diese heute nicht länger.

Auf jeden Fall haben den Huftieren ihre Hufe geholfen, die Dinosaurier als die am weitesten verbreiteten und zahlreichsten Pflanzenfresser auf dem Planeten zu ersetzen. Wo sich einst riesige *Iguanodons* und *Brachiosaurier* ihren Weg durch die Pflanzenwelt mampften, kürzen heute Millionen von Schafen, Rindern, Bisons, Gnus, Rentieren, Elchen und Antilopen die Bäume, Büsche und Gräser.

Wow. So habe ich das ja noch nie gesehen.
Ich wette, du siehst ein Schaf nun mit völlig neuen Augen, was?

Hmmm. Und ich wette trotzdem einen Fünfer, dass ein Rennpferd einen Mustang schlägt, obwohl . . .
Ach komm, lass stecken.

Versteckte Huftiersuche

Wie viele versteckte Huftiere kannst du finden?

Gnu	Zebra	Tapir	Antilope
Nashorn	Ziege	Dikdik	Pferd
Yak	Bison	Okapi	Giraffe
Dickhornschaf			

D	Z	E	F	A	Q	R	S	Z	M	U	R	D	P	I
N	I	I	G	N	A	E	K	T	J	H	T	R	F	G
M	E	C	H	A	H	L	M	L	A	Z	G	P	E	M
O	G	R	K	S	R	F	J	K	P	P	B	A	R	A
G	E	H	O	H	E	G	P	D	O	S	I	W	D	V
L	D	F	K	O	O	I	F	H	D	I	S	R	P	U
I	F	U	B	R	A	R	R	Q	A	N	O	W	O	G
S	T	P	Q	N	K	A	N	D	I	K	N	U	G	R
R	I	L	M	O	L	F	O	S	E	L	B	Y	A	K
D	I	K	D	I	K	F	B	A	C	G	W	U	H	D
D	E	R	P	L	W	E	L	I	E	H	E	S	E	S
B	K	A	F	D	S	G	Z	E	B	R	A	W	S	M
U	K	D	B	A	H	I	W	V	S	B	E	F	V	G
O	B	A	N	T	I	L	O	P	E	A	G	U	N	N
L	C	G	A	V	W	E	L	O	E	K	A	E	I	U

(Lösung ab Seite 198)

Sind Fledermäuse wirklich Vampire?

Falls du meinst: »Sind sie wirklich blutsaugende Monster, die sich in schicke, gut aussehende Humanoide und zurückverwandeln«, dann nein – das sind sie nicht. Meinst du aber: »Trinken sie wirklich Blut« – dann ja, einige von ihnen tun das. Aber wirklich nur wenige. Die meisten Fledermäuse bevorzugen Insekten, Frösche, Fische oder frische Früchte. Ehrlich.

Warte mal – du willst mir doch nicht etwas weismachen, dass es wirklich blutsaugende Vampirfledermäuse gibt?
Ja, aber . . .

Waaaah! Wo sind sie? Kommen sie jetzt, um mich zu holen?
Okay, gut. Bringen wir's hinter uns. Ja, Vampirfledermäuse gibt es wirklich. Aber, nein, sie kommen nicht, um dich zu holen.

Woher wwwillst d-d-du de-denn d-d-das wwwwissen?
Jetzt beruhige dich. Also erst mal leben die in Zentral- und Südamerika, also bist du, außer du liest das Buch gerade während deiner Ferien dort, sicher. Und obwohl sich einige Vampirfledermäuse von Säugetierblut[*] ernähren, bevorzugen sie doch eindeutig das von Schweinen, Pferden und Rindern.

Arrgh! Also tun sie es wirklich? Und wie?! Segeln sie runter und beißen in die Hälse ihrer Opfer?
Einige hängen wahrscheinlich tatsächlich in den Mähnen der Pferde, während sie saugen, aber die meisten starten ihren »Angriff« vom Boden aus, sie greifen also nach einem Bein oder einer Flanke. Vampire sind ziemlich ungewöhnlich unter den Fledermäusen, denn sie bewegen sich ziemlich geschickt

---
[*] Andere ernähren sich von Vögeln – meistens sind das Hühner oder Truthähne auf den Farmen.

am Boden. Die meisten Fledermäuse können nicht vom Boden abheben, also landen sie zwischen den Flügen nur auf Bäumen oder senkrechten Oberflächen (das ist auch der Grund, warum sie kopfüber hängend in Höhlen oder Dächern schlafen, statt zusammengerollt auf dem Boden).

Vampirfledermäuse hingegen können vom Boden aus zum senkrechten Flug starten und sie können am flachen Boden krabbeln und kriechen. Um von ihren Opfern nicht gesehen zu werden, landen sie ungefähr einen Meter hinter ihnen, schleichen sich dann heran und kraxeln deren Beine hinauf. Dort angekommen, nutzen sie ihre rasiermesserscharfen Zähne, um heimlich und schmerzlos ein kleines Hautstück zu rasieren. Die Spucke von Vampirfledermäusen enthält einen Stoff, der die Blutgerinnung hemmt und das Blut folglich nicht verkleben lässt. Also beginnt das Tierblut, ungehemmt aus der kleinen Wunde zu fließen, und dem Opfer ist gar nicht bewusst, dass es gebissen wurde.

Ich hab immer noch Gänsehaut. Das ist ja sogar noch schlimmer als ein offensichtlicher Halsbiss. Okay – und was passiert danach? Sie lassen das Tier ausbluten und töten es dann, stimmt's?

Falsch. Sie schlecken das Blut mit ihren Zungen auf so wie Katzen Wasser oder Milch (Vampirfledermäuse saugen kein Blut!). Das kann bis zu 20 Minuten dauern, aber selten nehmen sie mehr als ein paar Teelöffel Blut auf einmal. (Ihr Magen kann sich nicht weiter ausdehnen und außerdem werden sie zu schwer, wenn sie mehr trinken, und dann können sie nicht mehr abheben und davonfliegen.) Nichtsdestotrotz kehren sie manchmal zu immer demselben Opfer zurück, Nacht für Nacht, um sich noch mehr zu holen.

Igitt! Diese Fledermäuse sind TEUFLISCH! Bin ich froh, dass es sie hier nicht gibt.
Fledermäuse sind gar nicht schlimm oder böse. Selbst Vampirfledermäuse tun nur, wozu sie sich entwickelt haben – sie nutzen eine nährstoffreiche Nahrungsquelle, statt beweglichere Opfer zu jagen. Andererseits, das tun auch nur drei Fledermausarten von über 1.000 existierenden. Im Übrigen können sie sogar sehr nützlich sein.

Wie? Fledermäuse helfen uns? Das glaube ich dir nicht.
Das ist wahr, das tun sie. Zusammen mampft eine Kolonie von insektenfressenden Fledermäusen Millionen von nervtötenden Insekten und Mücken in einer Nacht, neben anderen stechenden Beutetieren. Ohne sie würden die Menschen in wärmeren Klimazonen deutlich mehr unter den Moskitostichen (und den durch sie übertragenen Krankheiten wie Malaria) leiden.

Sie fressen Insekten? Und was noch?
Das hängt von der Art ab. Einige Fledermausarten jagen Frösche, andere holen Fische aus den Flüssen und Seen und vegetarische Fledermäuse futtern Nüsse, Feigen, Datteln, Pfirsiche, Mangos und Bananen. Tatsächlich sind viele dieser Arten wichtig für die Obstanbauer, denn sie befruchten die Obstbäume ziemlich auf dieselbe Art, wie die Bienen Blumen bestäuben.

Vegetarische Bienenfledermäuse? Das klingt schon besser ...
Die Flughunde gehören zu den am furchteinflößendsten *aussehenden* Fledertieren der Welt – und zwar aufgrund ihrer Größe. Sie gehören wie die Fledermäuse zur Ordnung der Fle-

dertiere. Die größten von ihnen, die südostasiatischen Kalongs *(Pteropus vampyrus),* haben eine Spannweite von über 1,6 Metern. Das ist wahrscheinlich so breit, wie du groß bist.

Die meisten Flughunde und Fledermäuse sind *viel* kleiner, sie haben eine durchschnittliche Körperlänge von sieben bis acht Zentimetern und eine Flügelspannweite von 15 bis 30 Zentimetern.

Ja, aber diese Flederflügel sind gruselig. Die sind so dünn und ledrig und . . . iiiihhh! Woraus sind die überhaupt?
Die Flügel der Fledertiere sind im Grunde genommen große Hautlappen, die zwischen ihren Fingern gespannt sind. Sie unterscheiden sich deutlich von Vogelflügeln, welche aus Reihen spezialisierter haariger Flügel (oder Federn) bestehen, die sich rückwärts von den Ober- und Unterarmen der Vögel ausrichten.

Die Fledertiere bildeten ihre Flügel auf eine andere Art, da sie sich auf dem Säugetierpfad entwickelt haben – aus Hautlappen (wie die Schwimmhäute zwischen den Zehen von Fröschen oder Enten) zwischen ihren verlängerten Fingern.[*] Ursprünglich mögen sie diese benutzt haben, um Insekten zu fangen. Doch im Laufe der Zeit verlängerten sich ihre Finger und das Gebiet der »Finger-Landeklappen« vergrößerte sich. Das verlieh den Fledertieren die Fähigkeit, von Bäumen herunterzusegeln und dann zu flattern, um noch länger in der Luft zu bleiben. Und obwohl sie nicht so schnell und kraftvoll wie Vogelflügel sind, so sind diese »Finger-Flügel« doch präzise kontrollierbar, was sie unglaublich beweglich in der Luft sein lässt. Die meisten Fledertiere können in vollständiger Dunkelheit fliegen und sich plötzlich mitten im Flug drehen

---

[*] Der wissenschaftliche Name für die Ordnung der Fledertiere lautet *Chiroptera*. Das bedeutet auf Griechisch »Handflügler«.

und wenden, um Motten und andere Insekten im Flug zu fangen.

Wie machen sie denn das? Ich hab mal gehört, dass sie blind sind, aber so was wie Radar oder so benutzen?

Dicht dran. Fledermäuse sind nicht wirklich blind – viele sehen nur nicht besonders gut mit ihren Augen[*], denn sie sind nachtaktive Tiere (das bedeutet, dass sie vor allem nachts unterwegs sind, und Augenlicht hilft in völliger Dunkelheit nicht viel. Also haben sie stattdessen eine Form von Sonar (statt Radar) entwickelt – eine andere Art, sich von der stockdunklen Welt um sie herum mithilfe hoher Töne und Echoortung ein Bild zu machen.

Flügel der Fledermaus

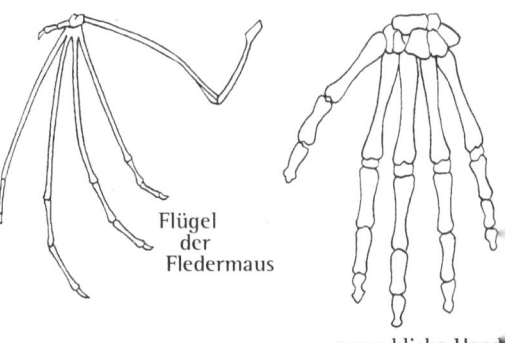

menschliche Hand

Die Grundidee ist so ähnlich wie beim Spiel »Marco Polo«: Der »Jäger« mit der Augenbinde ruft immer wieder das Wort »Marco« und die anderen Spieler rufen das Wort »Polo« zurück. Irgendwann folgt der Jäger dem Klang, kommt zu seinen »Opfern« und streckt die Hand aus, um sie zu schnappen.

Und nun stell dir vor, die Jäger sind die Fledermäuse und die Spieler sind die Motten. Die Fledermäuse rufen mit raschen Klicklauten, die im Ultraschallbereich liegen, sie sind also auf einer so hohen Frequenz, dass man sie mit dem menschlichen

---

[*] Die meisten der dämmerungsaktiven Flughunde bilden eine Ausnahme. Sie haben gut entwickelte Augen und einen exzellenten Geruchssinn, dafür aber keine Echoortung. Vielen Dank für Ihre Aufmerksamkeit.

Ohr nicht hören kann. Das Echo wird von den Objekten – also auch den Motten – zur Fledermaus zurückgeworfen. Ausgehend von der Zeit, die es dauert, bis es wieder zurückkommt, kann eine Fledermaus blitzschnell ausrechnen, nicht nur in welcher Richtung, sondern auch wie weit etwas entfernt ist.

Fledermäuse senden drei bis fünf Klicklaute pro Sekunde, bis sie eine Motte lokalisiert haben, dann erhöhen sie die Anzahl der Klicklaute (bis zu 200 pro Sekunde oder mehr), je näher sie an ihr Opfer herankommen. Zu diesem Zeitpunkt können sie die ganze Welt um sich herum als hoch aufgelöstes »Geräusch-Bild« *sehen*. Und sie können sich genau auf die Bewegung einer winzigen Motte, die noch 20 Meter entfernt ist, konzentrieren.

Wow. Das ist genial. Diese Motten sind geliefert.
Viele, ja. Eine einzige Fledermaus kann über 100 Motten pro Nacht auf diese Art fangen und eine ganze Fledermauskolonie (das sind an manchen Orten bis zu drei Millionen Tiere!) verspeist Millionen von ihnen. Doch einige Mottenarten wissen, sich mit ganz eigenen Waffen zu wehren. Während die Fledermäuse näher kommen und sie mit hektischen Klicklauten und den verräterischen Echos suchen, SCHREIEN diese Motten in letzter Minute in hohen Ultraschall-Tönen, sodass die Fledermäuse vorübergehend taub werden. Oder zumindest nicht mehr in der Lage sind zu erkennen, woher die Echos kommen.

Cool. Trotzdem möchte ich nicht gern die Motte sein.
Ich auch nicht. Aber wenn du einen Geschmack davon bekommen willst, wie es sich anfühlen würde, eine Fledermaus zu sein, probiere mal eines dieser Spiele mit deinen Freunden!

Sei eine Fledermaus!

Echoortung für Anfänger
Versuch einmal diese Fledermaus-basierten Varianten des Spieles Blindekuh.

Grundform:
Jeder hat eine Augenbinde, ein Spieler (die »Fledermaus«) ruft »EEEEEEEEKKK«, während die anderen (die »Motten«) »AAAAGGH« antworten, und zwar so lange, bis die Fledermaus nahe genug ist und sie/ihn/es greifen kann.

Realistisch:
So wie oben beschrieben, nur dass alle mit einem Hunde-Clicker ausgestattet sind. Das sind kleine Geräte, die »klick-klick« machen und mit denen man einen Hund trainieren kann. Du bekommst sie für wenig Geld in den meisten Tierhandlungen. Die »Fledermaus« klickt dreimal pro Sekunde und die Motten antworten entsprechend. Erhöht die Anzahl der Klicks, wenn die Motten lauter werden (und damit näher kommen).

Spaß:
Zum Draußenspielen. Alle tragen eine Augenbinde, die »Fledermaus« hat eine Wasserpistole, die »Motten« schreien, wenn sie getroffen werden. Die »Fledermaus« kommt immer näher für die »Super-Dusche«.

Können Tiger schnurren?

Nein. Zumindest nicht so, wie es deine Hauskatze tut. Der Hals von Tigern und anderen Großkatzen ist anders gebaut als der von Katzen. Obwohl Tiger, Löwen und Leoparden laute, rumpelnde Laute in ihren Kehlen produzieren können, schaffen sie das nur beim Ausatmen – nicht als Dauergeräusch, wie es dein Hauskätzchen kann. Anderseits können fast alle Großkatzen laut brüllen, was ein viel nützlicheres Geräusch für das Leben in der Wildnis ist.

Also können große Katzen gar nicht schnurren? Warum nicht?

Obwohl sie zur selben Familie von Säugetieren gehören, den *Felidae*, und sie gemeinsame Vorfahren haben, haben Großkatzen und Hauskatzen unterschiedliche »Stimmen« entwickelt – jede angepasst an ihren Lebensstil. Und Großkatzen, so scheint es, haben die Fähigkeit, durchgehend prrrrrrrrrrrrrrrr, prrrrrrrrrr zu schnurren, gegen ein viel lauteres (und eindrucksvolleres) RRRRWWWWWWAAAAAAAAAAAWWWRRRRRR eingetauscht!

Und wie kam das?

Na ja, Hauskatzen und andere kleine Katzen (von der Gattung *Felis)* haben ein festes Zungenbein in ihrer Kehle, welches ihre Zunge und ihre Stimmmuskeln unterstützt. Bei jedem Atemzug strömt die Luft durch diesen Knochen herein und hinaus, dabei vibriert das Zungenbein (zusammen mit den Stimmmuskeln) und lässt das ununterbrochene Prrrrrrrr-Schnurren ertönen. Katzen benutzen das Schnurren, wie du vielleicht schon bemerkt hast, zur Kommunikation.

Also um dir zu sagen, dass sie glücklich sind?

Zum Beispiel, ja. Aber die verschiedenen Stimmlagen beim Schnurren – von tiefem Rumpeln bis zu hohem Trillern –

können Verschiedenes bedeuten, auch so was wie »ich bin nervös«, »ich bin verärgert« oder sogar »ich habe Schmerzen«.

Oh, das habe ich nicht gewusst. Wenn nun aber Tiger nicht schnurren können, wie kann man dann wissen, ob sie glücklich, nervös, ärgerlich oder was auch immer sind?
Also mal ehrlich, auch wenn sie schnurren könnten: Würdest du es riskieren, nah genug heranzugehen, um das zu hören?

Ahhh. . . . nein. Da hast du recht.
Richtig. Und das würden die meisten anderen Tiere auch nicht. Einschließlich anderer Tiger. Was einer der Gründe sein könnte, warum Großkatzen eine Langstrecken-Alternative entwickelt haben. Bei den meisten Großkatzen (von der Gattung *Panthera)* hat das Zungenbein elastische Bereiche, die hin und her gleiten und sich ausdehnen können wie bei einer Posaune, wenn die ausgeatmete Luft an ihnen vorbei nach außen schießt. Der Nachteil ist, dass dies nicht genug Halt bietet für ein ständiges Schnurren. Der Vorteil ist allerdings, dass auf diese Art (zusammen mit den Stimmbändern) schnellere, härtere und lautere Schwingungen entstehen, die man auch als kräftiges RRROOOOORRRR kennt.

Aha. Und damit vertreiben sie andere Katzen?
So ist es. Großkatzen können ihre Warnungen über eine Entfernung von acht Kilometern oder sogar noch weiter hinweg brüllen. Aber genauso wie die kleinen Katzen mit ihrem

Schnurren können sie auch brüllen, um Partner anzulocken oder Ärger, Nervosität und Schmerz auszudrücken.

Während also kleinere Katzen schnurren, aber nicht brüllen können, können die meisten Großkatzen brüllen, aber nicht schnurren. Ähnlich verhält es sich mit den Hunden *(Canidae)* und den Bären *(Ursidae),* die auch recht eng miteinander verwandt sind: Während Hunde bellen, aber nicht brüllen können, können Bären brüllen, aber nicht bellen.

Hunde und Bären sind miteinander verwandt?
Jup. Hunde, Bären und Katzen gehören alle zu einer größeren Ordnung von Säugetieren, die man *Carnivora* nennt.

Das bedeutet »Fleischfresser«, stimmt's?
Exakt. Während das Wort *Carnivore* »Fleischfresser« bedeutet (und damit viele Reptilien, Vögel und sogar ein oder zwei Pflanzen einschließt), bezieht sich *Carnivora* nur auf ungefähr elf Familien von vorrangig fleischfressenden Säugetieren – die Raubtiere. Doch viele Biologen benutzen die beiden Wörter auch synonym. So werden wir es auch halten.

Moment mal – vorrangig fleischfressend? Fressen sie denn nicht alle Fleisch?

Alle Fleischfresser sind besonders an die Jagd oder das Aasfressen angepasst. Aber das bedeutet weder, dass sie immer selbst töten, noch dass sie *immer* Fleisch fressen. Einige, wie Hyänen und Waschbären, sind Aasfresser, andere eher Jäger. Und wieder andere, wie die Pandas und Erdwölfe, ernähren sich von Pflanzen, Fischen, Insekten oder einer Mischung aus alldem. Aber auch die Arten, die *nicht* jagen oder eigentlich kein Fleisch fressen, sehen meistens noch so aus, als ob sie es *könnten*, wenn sie wollten . . .

Wie das?

Zunächst einmal haben alle Fleischfresser kräftige Kiefer und spezielle messerscharfe Reißzähne (die man auch als Eckzähne kennt), die perfekt angepasst sind an das Schneiden und Herausreißen großer Fleischstücke. Viele haben für den gleichen Zweck scharfe, spitze Krallen. Um diese gefürchteten Waffen noch zu unterstützen, haben sie kräftige Knochen und bewegliche Gelenke (dort, wo unsere Handgelenke und Fußknöchel sein würden), wodurch sie rennen, springen, klettern und sich auf ihre fliehende Beute stürzen können. Typischerweise haben sie oft nur ein oder zwei Junge pro Jahr, fünf Zehen an jeder Vorderpfote und vier oder fünf an den Hinterpfoten.

Wie viele Arten von Fleischfressern gibt es?

Sprechen wir nur von den Carnivora, dann gibt es etwa 270 Arten, die in elf Familien unterteilt sind. Diese umfassen unter anderem:

- Felidae (Hauskatzen, Wildkatzen, Rohrkatzen - auch Sumpfluchs genannt -, Löwen, Tiger, Leoparden, Jaguare, Panther, Pumas)

- Canidae (Hunde, Wölfe, Dingos)
- Hyaenidae (Hyänen, Erdwölfe)
- Ursidae (Bären)
- Procyonidae (Waschbären, Wickelbären - auch Honigbären genannt)
- Mustelidae (Wiesel, Nerze, Stinktiere, Otter)
- Herpestidae (Mungos, Erdmännchen)
- Viverridae (Zibetkatzen, Ginsterkatzen, Binturongs - auch Marderbären genannt)

Von vielen dieser Tiere hast du vermutlich noch nie gehört. Zibetkatzen und Ginsterkatzen beispielsweise sehen wie riesige Wiesel oder Erdmännchen von der Größe eines Hundes aus und leben in Afrika und Südostasien. Binturongs sehen aus wie dicke schwarze Waschbären mit langen, muskulösen Schwänzen[*]. Auch sie leben in den Wäldern von Südostasien. Obwohl man nicht viel von ihnen hört (oder sieht), scheint es doch so, dass die Zibetkatzen, Ginsterkatzen und Binturongs ihrem Aussehen nach noch eng verwandt mit den *Miacidae* sind, den ersten fleischfressenden Säugetieren, die sich ein paar Millionen Jahre, nachdem sich die Dinosaurier verdrückt hatten, am Ende der Kreidezeit entwickelten. Von diesen eigenwilligen Tieren stammen alle heutigen Katzen, Hunde, Bären und andere Fleischfresser ab, die sich seither auch rund um die Welt verteilt haben.

---

[*] Mit den Schwänzen halten sie sich an Bäumen fest oder hängen kopfüber von Ästen herab. Merkwürdigerweise riechen sie wie Popcorn.

Cool. Die will ich mal sehen. Den Großteil dieser Tiere – ausgenommen natürlich Hunde und Katzen – habe ich noch nie gesehen. Wenn es so viele fetzige, pelzige Fleischfresser da draußen gibt, wo verstecken die sich denn alle?

Viele, wie zum Beispiel die Waschbären, sind nachtaktiv, das heißt, sie kommen nur nachts raus. Andere, wie die Bären, sind einzelgängerische, ungesellige Tiere, die sich, wenn irgend möglich, vor den Menschen verstecken. Und leider sind auch viele der großen fleischfressenden Säugetiere sehr selten oder gar vom Aussterben bedroht.

Warum das denn? Wenn sie so groß und gefährlich sind, müsste es dann nicht viele von ihnen geben? Du weißt schon, die Herrscher über die Nahrungskette, so wie der König der Löwen?

Wahrscheinlich wären sie das – gäbe es nicht uns, ihre größten Rivalen. Tatsache ist, dass die großen Fleischfresser auch viele Beutetiere brauchen, von denen sie leben können, und folglich auch große Lebensräume. Und während der letzten 1.000 Jahre wurde beides immer kleiner. Wilderei und Siedlungsbau durch den Menschen sind nicht unschuldig daran. In den südamerikanischen Regenwäldern ist der Bestand an Jaguaren und vielen kleineren Wildkatzen durch das Abbrennen der Wälder bedroht, wodurch neue Felder gewonnen wurden. In den Bergen von Nordamerika, Nordeuropa und Asien sind Bären durch die Jagd und den Holzabbau oder die Polareisschmelze bedroht. In China und Indien sind Pandabären und Tiger vom Aussterben bedroht, da die Wälder abgeholzt werden, um Raum für neue Menschenheimaten zu schaffen. Außerdem jagen Wilderer nach ihren Fellen und anderen Körperteilen, um daraus exotische (und nutzlose) Medikamente herzustellen.

Das ist ja schrecklich. Was können wir da tun?

Man kann sich Vereinigungen anschließen, um sie zu schützen, die Lebensräume der Tiere bewahren, die noch existieren, und Wege finden, mit ihnen zusammen zu leben. Fleischfresser können bedrohliche Tiere sein, aber das sind wir Menschen auch. Je schneller wir verstehen, dass es nicht heißt: »Wir oder sie«, desto eher können wir lernen, alle gemeinsam auf diesem Planeten zu leben. So wie wir das bereits seit Tausenden von Jahren getan haben.

Auf diese Weise können wir alle auch in Zukunft noch das Brüllen eines Tigers hören – genau wie das Schnurren der Katzen.

Sind wir Menschen Tiere, Affen oder einfach nur Leute?

Wir sind das alles zusammen! Wie alle anderen Säugetierarten sind wir Menschen haarige Warmblüter, wir gebären unsere Babys lebend und wir ernähren sie mit selbst gemachter Milch. Wie alle anderen Primaten (dazu gehören alle Affenarten) können die Menschen gut sehen, wir haben nach vorn gerichtete Augen und wir haben Daumengelenke, dank derer wir Dinge greifen können. Obwohl wir das meiste von unserer Behaarung und unser Fell verloren und unsere Gehirne ein paar Zellen mehr haben, sind wir unseren entfernten Säugetierverwandten doch ähnlicher, als wir manchmal wahrhaben wollen.

Ach, komm schon. Es gibt doch unzählige Sachen, die uns von den Affen unterscheiden. Wir sind total anders als sie.
Okay . . . also was denn für Sachen zum Beispiel?

Also, ihre Körper sind komplett haarig. Überall.
Stimmt. Aber bis vor Kurzem waren das unsere Körper auch. Einige unserer hominiden (oder menschenähnlichen) Vorfahren, wie zum Beispiel der *Australopithecus,* waren genauso haarig wie jeder Affe. Es ist erst fünf Millionen Jahre her, dass wir so über die Ebenen Afrikas wanderten. Und sogar jetzt noch sind wir haarige Tiere. Besonders als männliche Erwachsene. Es ist nur so, dass das Haar dünner und leichter geworden ist, es bleibt nur an bestimmten Körperstellen dick und schwer, wie zum Beispiel auf dem Kopf, im Gesicht, unter den Achseln und in der Leistengegend.

Na gut – aber wie ist es mit dem Laufen? Und dem Sprechen? Und dem Verwenden von Werkzeugen? Wir sind doch viel cleverer!
Das stimmt schon, wir sind cleverer. Und keine anderen Primaten können sprechen. Aber wir sind weder die einzigen, die

auf zwei Beinen laufen können, noch die einzigen Primaten, die Werkzeuge benutzen. Es ist nur so, dass wir das *viel besser* als die anderen können.

Wirklich? Da draußen gibt es laufende Affen, die Werkzeuge benutzen? Andere als uns, meine ich.
Ja – die gibt es wirklich. Und, wenn du es genau bedenkst, ist das auch überaus logisch. Schließlich wissen wir bereits, dass am Ende der Kreide die einzigen Säugetiere, die auf dem Planeten lebten, kleine mausähnliche Tierchen waren, die zwischen den Beinen der Dinosaurier umherhuschten. Und da sind wir heute, 65 Millionen Jahre später, als laufende, sprechende, superkluge Säugetiere, die Werkzeuge benutzen. Also müssen wir diese Fähigkeiten irgendwann mal entwickelt haben. Und wenn du die Geschichte der Primaten genau verfolgst, indem du dir all die Familien anguckst, die heute noch unter uns sind, dann kannst du auch sehen, wie das alles passiert ist.

Und wie ist es passiert?
Ich dachte schon, du fragst nie . . .

Es begann alles vor etwa 65 Millionen Jahren mit diesen kleinen vierbeinigen, umherflitzenden Maus-Säugetieren. Einige entwickelten sich zu den wieselähnlichen Miacidae, welche sich dann später zu den Fleischfressern entwickelten. Andere wurden zu Huftieren, zahnigen Nagetieren und Hasen, schwimmenden Delfinen und Walen und flatternden Fledertieren.

Doch eine Gruppe machte sich auf in die Bäume, sie entwickelten längere Gliedmaßen und Greifhände, die ihnen halfen, in luftiger Höhe zwischen den Ästen zu klettern und hin und her zu springen. Diese Tiere würden den heutigen Halbaffen[*] (das bedeutet »Vor-den-Affen«) ähnlich sehen, zu denen auch die Le-

---

[*] Halbaffen werden in der Literatur auch als Feuchtnasenaffen bezeichnet. Dreimal darfst du raten, warum!

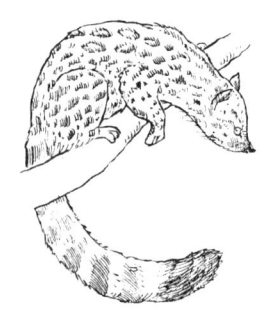

muren, Loris und Galagos gehören. Wie wir haben sie gegenüberstellte, das heißt nach hinten zeigende Daumen. Damit können sie nach Zweigen greifen und Fruchtstücke halten, während sie diese fressen.

Ganz große Sache.
Das können Eichhörnchen auch.
Eichhörnchen fressen nur selten Früchte.

Du weißt schon, was ich meine.
Okay, gut. Wenn du davon schon nicht beeindruckt bist, dann vielleicht davon: Lemuren und Loris haben ebenfalls zwei große, nach vorn gerichtete Augen, was ihnen überlappendes, zweidimensionales Sehen erlaubt. So können sie Entfernungen zwischen Ästen einschätzen – was ganz offensichtlich ziemlich praktisch ist, wenn du springen musst, um zu überleben.

Lemuren können auch ab und an aufrecht auf ihren Beinen stehen und springen. Sie können nicht aufrecht auf zwei Beinen laufen, da ihre Hüften und Muskeln nicht so aufgebaut sind, dass sie ihr gesamtes Gewicht auf einem Bein tragen können. Doch wenn sie über ein offenes Stück Grasland zwischen den Bäumen flitzen müssen, dann stehen sie kurz aufrecht (um über das Gras hinweg nach Raubtieren Ausschau zu halten) und hüpfen dann in Sicherheit, wobei ein Fuß etwas nach dem anderen landet.

Nicht schlecht. Aber das ist weder Laufen, noch benutzen sie Werkzeuge. Nichts davon!
Richtig, dafür müssen wir noch einmal 30 Millionen Jahre warten, nämlich auf die Entwicklung der Echten Affen[*]. Vor 35

---
[*] Im Gegensatz zu den »feuchtnasigen« Halbaffen werden Echte Affen auch Trockennasenaffen genannt.

Millionen Jahren schwangen sich noch die Vorfahren der Affen, Gorillas, Schimpansen und Menschen durch die Bäume und sie liefen auf ihren Fingerknöcheln durch die uralten Wälder Afrikas, Asiens und Südamerikas. Mit besser entwickelten Gehirnen, Augen und Gliedmaßen lernten diese Tiere, ihre Hände auf anspruchsvolle Art einzusetzen, sie entwickelten *Fingerfertigkeit*. Eine Gruppe dieser Tiere führte schließlich zu den Affen, darunter die Pinsel- und Seidenäffchen sowie die Gibbons (Langarmaffen). Diese blieben oben in den Bäumen, um sich von Früchten zu ernähren und Raubtieren auf dem Boden zu entkommen. Eine andere Gruppe wurde zu den Hominidae (oder Menschenaffen). Zu dieser Familie gehören auch die Gorillas, Schimpansen, Orang-Utans und die Menschen.

Wir gehören zur selben Familie? Nicht nur die gleiche Klasse oder Ordnung?

Nein. Wir sind viel näher miteinander verwandt. Unsere *Klasse* ist Säugetiere, unsere *Ordnung* ist Primaten und unsere *Familie* Hominidae und dazu gehören nicht nur wir Menschen, sondern auch die Orang-Utans, Gorillas und Schimpansen.

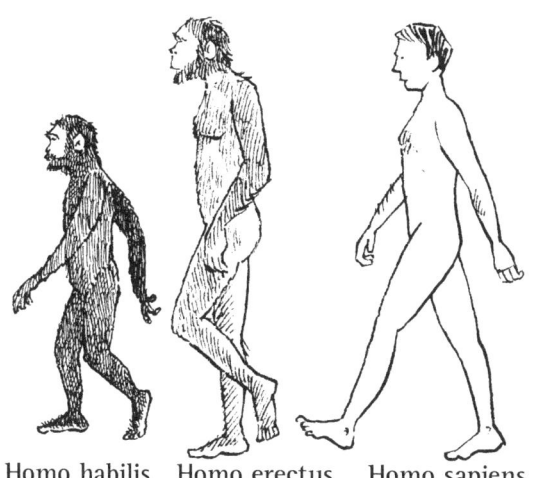

Homo habilis   Homo erectus   Homo sapiens

Hominidae haben größere Gehirne, Fingerfertigkeit und – offensichtlich – die Fähigkeit, Werkzeuge herzustellen und zu benutzen.

Unmöglich! Welche Werkzeuge benutzt denn ein Schimpanse?
Schimpansen bauen und verwenden viele Werkzeuge, dazu gehören große Gesteinsbrocken (Hammer, mit denen sie Nüsse knacken), Stöcke und kleinere Steine (Waffen, mit denen sie Leoparden und andere Rivalen vertreiben) sowie dünne Äste (mit denen sie fischen oder in hohlen Bäumen und Termitenhügeln nach leckeren Happen stochern). Und während Gorillas und Orang-Utans in der Wildnis selten dabei beobachtet werden, wie sie Werkzeuge benutzen, verwenden sie doch die gleichen Werkzeuge wie Schimpansen, wenn sie in der Gefangenschaft vor ein Problem bei der Nahrungsbeschaffung gestellt werden. Was zeigt, dass sie Gehirnkapazität dafür hätten – aber da sie größer und meistens Vegetarier sind, brauchen sie diese Fähigkeit fast nie. Gorillas, Schimpansen und Orang-Utans können auch leicht lernen, aufrecht zu gehen, wenn sie trainiert werden. In der Wildnis bleiben sie beim Knöchelgang, da das dichte Gestrüpp sie vom aufrechten Gang abhält. Doch in offenen Gegenden fangen viele spontan an, aufrecht zu laufen (zumindest ein paar Schritte).

Okay, also das ist jetzt schon ziemlich beeindruckend. Aber sie können immer noch nicht so laufen oder sprechen wie wir.
Das stimmt, das können sie nicht. Es gibt Grenzen dabei, was Gorillas oder Schimpansen können. Und das liegt an dem einen großen Ding, das wir haben und sie nicht – einer vergrößerten Region im äußeren Gehirn, die man Großhirnrinde nennt. Das ist es, was unsere Art wirklich von den anderen Primaten unterscheidet – und uns einzigartig unter all den anderen Säugetieren werden lässt.

Mächtig prächtige Säugetiere

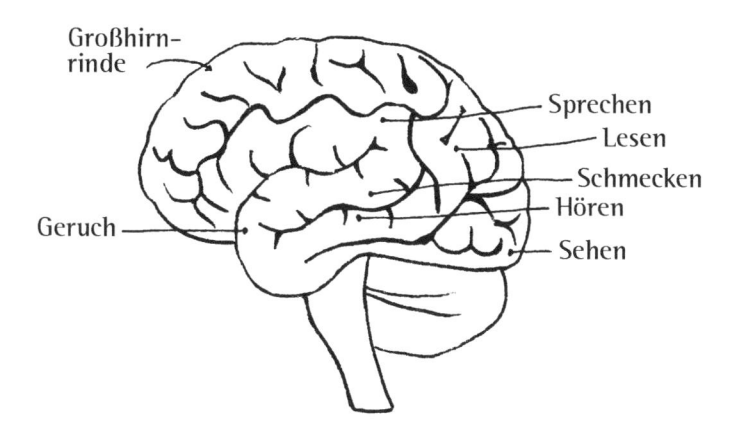

Diagramm des Gehirns mit Beschriftungen: Großhirnrinde, Sprechen, Lesen, Schmecken, Hören, Sehen, Geruch.

Irgendwann, ungefähr vor fünf Millionen Jahren, trennten sich unsere Vorfahren von den Schimpansen und den Bonobos. Und als sie das taten, durchlief ihr Gehirn einen biologischen Urknall. Innerhalb weniger Millionen Jahre, entwickelten wir uns von grunzenden, halbintelligenten Affen zu beweglichen, aufrechten, zweibeinigen Jägern mit einer Intelligenz, die im Tierreich bisher nie da gewesen war.

Von den frühen Hominidae wie den Homo australopithecus bis hin zum Homo habilis (dem »geschickten Menschen«), Homo erectus (»aufrechter Mensch«) und schließlich unserer eigenen Art, dem Homo sapiens (»einsichtsfähiger, weiser Mensch«) wurde das Gehirn immer komplexer. Mit neu entwickelten Regionen in der äußeren Hirnschicht und ein paar neuen Verkabelungen in den anderen Teilen, stand unserer mentalen Weiterentwicklung nichts mehr im Weg. Damit begannen wir, immer ausgefeiltere Formen der Körperbeherrschung zu entwickeln, einschließlich der hoch entwickelten Kontrolle der Stimmbänder, was es uns später erlauben sollte zu sprechen und zu kommunizieren.

Und was hat den großen »Gehirn-Urknall« ausgelöst?

Ehrlich gesagt, wissen wir das nicht so ganz genau. *Irgendetwas* veranlasste das Gehirn, sich auszubreiten und auf eine neue Art zu entwickeln, und das muss etwas gewesen sein, das *unseren Vorfahren einen überlebenswichtigen Vorteil* bot. Vielleicht war es die Notwendigkeit für kompliziertere Bewegungen (also motorische Fähigkeiten), die mit dem Balancieren, Laufen, Rennen und Springen auf zwei Beinen einherging. Vielleicht war es auch die Notwendigkeit, mehr Fingerfertigkeit zu entwickeln, um Werkzeuge wie eine Axt oder Speerspitzen herzustellen. Vielleicht war es aber auch das Bedürfnis, während der Jagd miteinander zu kommunizieren oder einander zu zeigen, wie man Waffen und Werkzeuge herstellt.

Später, als unsere Gehirne entwickelt genug waren, fingen wir an zu tanzen und zu singen und stellten einfache Kunstgegenstände her – wie die Höhlenmalereien oder geschnitzte Holzfiguren. Möglicherweise fingen an diesem Punkt die Frauen an, die besseren Tänzer, Sänger oder Künstler zu bevorzugen, was half, die größeren, kreativeren Gehirne auszuwählen ...

Wow – das ist eine lange Liste kluger Ideen! Also, welche genau war es denn?

Wer weiß? Vielleicht finden wir das eines Tages heraus.

Aber bis dahin können wir einfach darauf vertrauen, dass es unsere Gehirne und unsere Intelligenz sind, die unsere Art, den *Homo sapiens,* wirklich einzigartig sein lässt. Unsere Ähnlichkeiten mit den anderen Affen zu erkennen, hilft uns gleichzeitig zu erkennen, was wir mit ihnen gemeinsam haben.

Wenn wir die Menschen Seite an Seite mit den Lemuren, Affen, Gorillas und Schimpansen betrachten, können wir deutlich sehen, dass wir alle Primaten sind ... alle Säugetiere ... und alle miteinander verbunden.

Aber ich hoffe, du verstehst nun auch, dass unsere Verbindungen mit dem Tierreich viel, viel tiefer reichen – bis zu den Luftsäcken, die wir mit den Amphibien teilen, der Wirbelsäule, die wir mit den Fischen gemeinsam haben. Wie die Würmer haben auch wir Därme. Und wir bestehen aus Zellen, so, wie auch die Schwämme. Und genauso wie die Milliarden von Bakterien, die in und auf unseren Körpern leben, verfügen wir über eine DNA.

Alle Formen von Leben sind eins – eine wunderbare Vereinigung von allem Leben, miteinander verbunden durch unsere evolutionäre Vergangenheit.

Nun ist es an uns, alle Formen von Leben zu studieren, zu respektieren und zu schützen, damit wir auch in Zukunft die Gesellschaft der anderen genießen können.

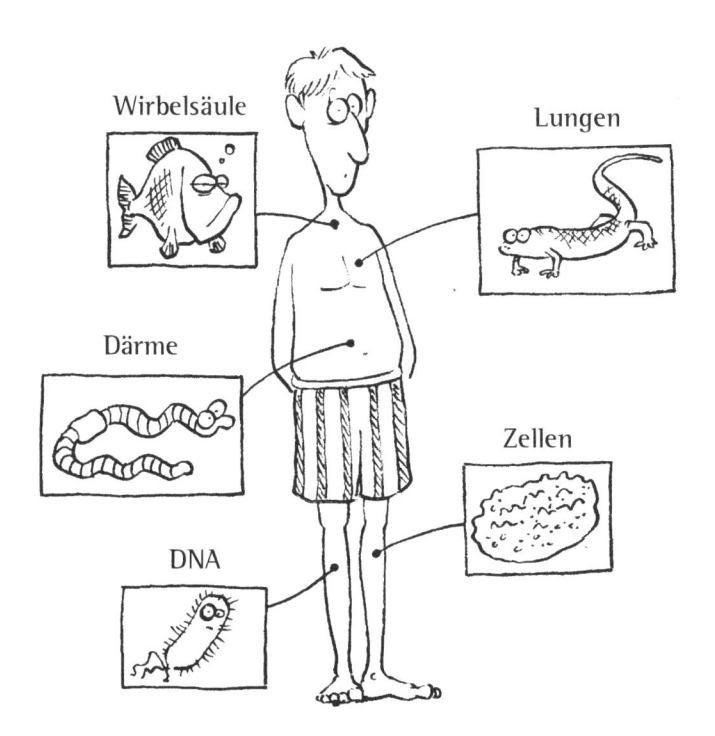

Lösungen

Seite 35 – Tierischer Buchstabenmix
ÖSTLICHER FLECKENSKUNK, SCHWERTWAL, GRIZZLYBÄR, ROTES RIESENKÄNGURU, SCHNABELTIER, GROSSER PANDA

Seite 40 – Zoologie selbst gemacht

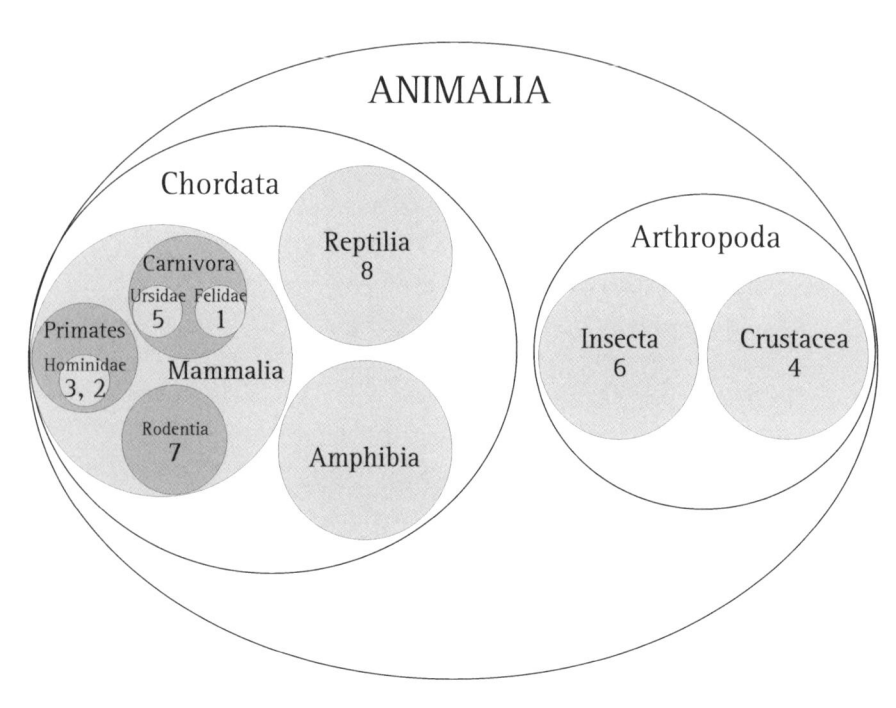

ANIMALIA
- Chordata
  - Reptilia 8
  - Mammalia
    - Carnivora
      - Ursidae 5
      - Felidae 1
    - Primates
      - Hominidae 3, 2
    - Rodentia 7
  - Amphibia
- Arthropoda
  - Insecta 6
  - Crustacea 4

Seite 50 – Erkenne die Hybriden
Zedonk, Liger, Jaglion, Dzo (auch: Yakow), Zorse

Lösungen

Seite 62 – Fit für den Kampf ums Überleben?
Hyäne – Zähne, Tiger – Krallen, Warzenschwein – Hauer, Steinbock – Geweih, Fledermaus – Ultraschall, Gottesanbeterin – Tarnung, Stinktier – chemischer Sprühnebel, Kobra – tödliches Gift, Schuppentier – Körperpanzerung

Seite 99 – Wer gehört nicht dazu?
Tausendfüßer (alle anderen sind Insekten)
Schnake (die anderen sind Arachniden)
Tintenfisch (die anderen sind Crustaceen)
Seestern (alle anderen sind Arthropoden – ja, sogar die Seepocken!)

Seite 121 – Vogelquiz
1.b Die Elefantenvögel waren noch größer, aber sie leben nicht mehr.
2.c Einige schlagen ihre Flügel 200-mal oder mehr pro Sekunde, aber das ist eher selten.
3.d Im Sturzflug kann ein Wanderfalke bis zu 300 km/h schnell werden – das ist so schnell wie ein kleines Flugzeug.
4.d Der Große Rennkuckuck und der Afrikanische Strauß rennen, Pinguine schwimmen, Papageien sprechen, Salanganen und Fettschwalme nutzen die Echoortung, Krähen und Drosseln verwenden Werkzeuge (Haken und Steine als Amboss), um an Larven, Maden oder Schnecken heranzukommen. Und während die Eulen ihren Kopf um 270 Grad drehen können, so kommen sie doch nicht komplett herum.

Seite 160 – Beutelsäuger-Kreuzworträtsel

Waagerecht:
1: Schnabeltier*

Senkrecht:
2: Riesenkänguru
3: Wallaby
4: Beutellöwe
5: Koala
6: Beutelratte

* Natürlich ist das Schnabeltier kein Beutelsäuger, sondern ein Kloakentier (Monotremata). Seine Jungen schlüpfen aus Eiern, aber sie werden mit Muttermilch großgezogen. Was es nicht alles gibt!

Seite 168 – Buchstabenmix von Wasser-Säugetieren

SCHWEINSWAL
GLATTWAL
BLAUWAL
POTTWAL
SCHWERTWAL
GROSSER TÜMMLER
NARWAL
GEMEINER DELFIN

Lösungen

Seite 175 – Versteckte Huftiersuche

D	Z	E	F	A	Q	R	S	Z	M	U	R	D	P	I
N	I	I	G	N	A	E	K	T	J	H	T	R	F	G
M	E	C	H	A	H	L	M	L	A	Z	G	P	E	M
O	G	R	K	S	R	F	J	K	P	P	B	A	R	A
G	E	H	O	H	E	G	P	D	O	S	I	W	D	V
L	D	F	K	O	O	I	F	H	D	I	S	R	P	U
I	F	U	B	R	A	R	R	Q	A	N	O	W	O	G
S	T	P	Q	N	K	A	N	D	I	K	N	U	G	R
R	I	L	M	O	L	F	O	S	E	L	B	Y	A	K
D	I	K	D	I	K	F	B	A	C	G	W	U	H	D
D	E	R	P	L	W	E	L	I	E	H	E	S	E	S
B	K	A	F	D	S	G	Z	E	B	R	A	W	S	M
U	K	D	B	A	H	I	W	V	S	B	E	F	V	G
O	B	A	N	T	I	L	O	P	E	A	G	U	N	N
L	C	G	A	V	W	E	L	O	E	K	A	E	I	U

Bildrechte

Illustrationen von Mike Philipps, ausgenommen Seite 20, 28 und 177 Science Museum/Science and Society Picture Library

Glenn Murphy

Warum ist Schnodder grün?
und andere extrem wichtige Fragen
aus Forschung und Technik

Wer sich nicht zu fragen traut, bekommt auch keine Antwort! Aber häufig gibt es auf eine Frage mehrere Antworten und aus der Antwort ergibt sich die nächste Frage. Dieses Prinzip hat Glenn Murphy vom Science Museum in London aufgegriffen und beantwortet spannende und verblüffende Fragen aus dem Alltag, aber auch über das Weltall, den Planeten Erde, die Tierwelt, den menschlichen Körper und Technologien der Zukunft.

256 Seiten • Klappenbroschur
ISBN 978-3-401-06557-1
www.arena-verlag.de

Glenn Murphy

Das Panik-Buch
Warum wir im Dunkeln Angst haben und Spinnen gruselig sind

Wir leben in einer Welt voller Killerbakterien und fiesen Getiers, das uns ins Jenseits befördern will. Ständig müssen wir damit rechnen, von Blitzen oder Meteoriten erschlagen zu werden. Kurzum: das „Böse" lauert immer und überall… Oder doch nicht?
Glenn Murphy zieht auf humorvolle Art irrwitzigen Angstmythen den Giftzahn und vermittelt seinen Lesern Wissen, das der Angst den Schrecken nimmt.

296 Seiten • Klappenbroschur
ISBN 978-3-401-06730-8
www.arena-verlag.de

Philip Ardagh

Philip Ardaghs völlig nutzloses Buch der haarsträubendsten Fehler der Weltgeschichte

Wer weiß schon, warum der Papst in Spanien mit einer Kartoffel verwechselt wurde, wieso ein englischer Fußballer das Notizbuch des Schiedsrichters aufaß oder weshalb man sich auf keinen Fall seinen Namen in den Nacken tätowieren lassen sollte. Die schrägsten Pannen, Irrtümer und Schnitzer gesammelt vom genialen Philip Ardagh sind nicht nur zum Schlapplachen; damit kann man auch den pingeligsten Lehrer beeindrucken.

Arena

224 Seiten • Gebunden
ISBN 978-3-401-06627-1
www.arena-verlag.de

Gerd Schneider

Von einem, der auszog, die Welt zu verstehen
und bis zum Abendessen wieder zurück sein wollte

Nichts ist so spannend wie die Entstehung der Welt und des Lebens! Dieses Buch ist eine Zeitreise zu den Anfängen unseres Universums, eine Expedition durch die Evolution unseres Planeten. Meisterhaft verknüpft Wissenschaftsjournalist Gerd Schneider profundes Wissen aus Geologie, Physik, Chemie, Biologie mit originellen Erzählsträngen und liefert einen mitreißenden Querschnitt durch die moderne Naturwissenschaft.

272 Seiten • Gebunden
ISBN 978-3-401-06413-0
www.arena-verlag.de

Nicole Ostrowsky

Notizen eines Genies
In 365 verblüffenden Experimenten durch die Naturwissenschaften

Ein Genie zu werden ist nicht schwer ··· Zumindest nicht mit diesem Buch: Für jeden Tag des Jahres bietet es Experimente und Denkanstöße quer durch die Naturwissenschaften und verlockt Nachwuchsforscher zum Ausprobieren und Fragenstellen. Durch den Raum für eigene Notizen wird es zum persönlichen Begleiter für neugierige Wissenschaftler von morgen.

392 Seiten • Klappenbroschur
ISBN 978-3-401-06652-3
www.arena-verlag.de

David Demant

Eine Null im Alltag
Die erstaunliche Welt der Mathematik

Mehrere Tausend Jahre lang hat es gedauert, bis kluge Köpfe unser geniales Zahlensystem ausgetüftelt hatten. Aber gerechnet und gezählt wurde schon immer – zum Beispiel mit Kieselsteinen, Kerbhölzern oder dem geheimnisvollen Abakus. Dieses Buch erklärt anschaulich, warum Zahlen für uns zur Selbstverständlichkeit und Mathematik gerade auch im Alltag zur Notwendigkeit geworden ist.

144 Seiten • Gebunden
ISBN 978-3-401-06729-2
www.arena-verlag.de